Mobility ZERO

モビリティ・ゼロ

脱炭素時代の自動車ビジネス

MOBI 理事／伊藤忠総研上席主任研究員
深尾三四郎
Sanshiro Fukao

日経BP

"When fate hands us a lemon,
let's try to make lemonade."

運命がレモンを手渡してきたなら、
それでレモネードを作ろうじゃないか。

Andrew Carnegie（アンドリュー・カーネギー）

まえがき

「目に見えない二酸化炭素（CO_2）に所有権が確立されると世界秩序が変わる。CO_2の所有権の移転が可能になり、排出権取引で排出権（カーボンクレジット）を売買するということは、CO_2を削減する努力を、価値をもった通貨として取引するということを意味する。脱炭素が世界規模での環境対策になると、CO_2は地球上の誰にとっても同質であるから、そのような通貨は国際通貨になる。脱炭素とは新しい国際通貨とその通貨を基にした新しい経済圏を創造し、産業のイノベーションを通じて地域住民の雇用創出を促すものである」

20年前にロンドンで教わったこと

20年前、ロンドンの大学でそのようなことを教わりましたが、読者に伝えたい本書のエッセンスが凝縮されています。

プライベートな話ですが、当時の私の大学生活の一端を回顧しながら、脱炭素の国際潮流を生んだ京都議定書の採択直後の雰囲気をお伝えします。

1895年に設立された母校のロンドン・スクール・オブ・エコノミクス（LSE）は世界中の政治家や官僚を育てる、いわば国際社会のルールメーカーを育成する大学です。私は同大学に2000年に入学しましたが、履修した環境政策・経済学科は創設されてまだ2年の同校で最も新しい学科でした。排出権取引の理論的根拠となった「コースの定理（Coase Theorem）」を唱え、1991年にノーベル経済学賞を受賞したロナルド・コース教授がLSEの出身で教鞭もとっていたことから、もともとLSEは環境政策・経済学にある種のこだわりがあり、1997年に京都議定書が国連で採択されたことが当学科設立のひとつのきっかけになったようでした。地理・環境学で世界的に著名な教授陣は英国と欧州委員会の環境政策の策定に関わり、2005年に世界で初めて導入された排出量取引である、欧州連合域内排出量取引制度（EU－ETS）の制度設計にも携わっていました。

環境と経済は両立するのかというちょっとした興味本位と、目新しさに惹かれて同科を選んだ私は当時、冒頭のような先生方の教えを良く理解できませんでした。どうせまたヨーロッパ人の好きな錬金術のひとつなのだろうと、生半可な気持ちで講義をきいていました。

当時は京都議定書が国連で採択された直後でしたが、温室効果ガスの排出に初めて国際的な数値目標を設定し、その排出削減を法的に義務付けたという点で京都議定書は画期的でした。しかし、中国やインドなど排出量の多い途上国は排出義務が課されず、先進国では当初推進していた世界第2位の排出国である米国が2001年に離脱を宣言し、ロシアも批准していませんでした（のちにロシアは2004年に批准）。京都で開催された気候変動枠組条約第3回締約国会議（COP3）で採択されたことにちなんだ議定書でしたが、英国・欧州がほぼ主体となった地球温暖化対策であったため、今のような世界的なムーブメントとなる勢いや雰囲気はありませんでした。

ＬＳＥは全世界から生徒が集まる大学ですが、私が選んだ学科（学士課程）では日本人は私1人だけでした。卒業したときには入学時の学生の3分の2が途中で他学部・学科に編入したか、落第で中途退学しましたので、学年が進むたびに同窓生が少なくなり心細く感じたのを覚えています。数多くのノーベル賞受賞者を輩出した華々しい経済学部などとは異なり、私がいた地理・環境学部では、授業で英国の田舎にある川で長靴を履いて水質調査をするなど泥臭いものでした。大都市ロンドンのど真ん中で、自分たちの学部と学んでいる内容に〝セクシーさ〟が全くなかったので、当時私は所属学部を他の生徒に言うのも恥ずかしいと感じるほどでした。社会科学に特化したＬＳＥの中でも環境政策・環境経済学はマイナーな学問領域で、環境に関する問題や政策動向も今ほど持て囃されてはいませんでした。

講義を理解するために必要な勉強量が凄まじい地獄のような毎日を過ごしたＬＳＥを辛うじて卒業してからは、一番興味のあった自動車産業のアナリストとしてのキャリアを積みたいと思い、帰国して野村證券に入社しました。その後は外資系証券会社やヘッジファンドで自動車以外の産業のアナリスト業務を経験し、銀行系シンクタンクを経て現在に至ります。しかし、今までの20年弱のアナリスト業務の中で、ＬＳＥで学んだことはほとんど実践することはありませんでした。

ブロックチェーンとゼロカーボンの共通点

しかし、最近になってようやく冒頭の教えが理解できるようになりました。そのきっかけは、モビリティに特化したブロックチェーン（分散台帳技術）の国際コンソーシアム「ＭＯＢＩ」の理事として、メンバーである国際機関や海外の政府機関が自動車メーカーなどと最新技術の標準規格化やルールメーキングをしている現場を目の当たりにしながら、目に見えないものの価値を可視化することの意味や、その価値のネットワーク化の基盤となるブロックチェーンを知ったこと。そして新型コロナウイルスのパンデミックに遭遇したことです。

ブロックチェーンは目に見えないデジタル資産に所有権を付与し、デジタルツイン（デジタルの双子）の基盤となりうる技術です。デジタルツインとは、現実世界の人やモノ、環境といった情報を、センサーなどＩｏＴ（モノのインターネット）を活用して、ほぼリアルタイムでサイバー空間に送り、それらをデジタル資産として再現したものです。昨今、この「環境」には再生可能エネルギー（再エネ）やカーボンフットプリント（CO_2排出履歴）といった目に見えない価値を生むものを含みます。これらのデジタルツインの集合体としての「街のデジタルツイン」を創ることがスマートシティ構築の最新トレンドになっていますが、これは中国を含むアジアの政府機関や都市・自治体と情報交換する中でわかったことです。

ブロックチェーンにデジタルツインを記録すると、そのデジタルツインがコピーや改ざんをされることはありません。その結果、デジタルツインのアイデンティティ（固有性＝そのものだけに特有な属性）が保護され、デジタルツインに単一所有者による所有権を確立することが可能になります。また、その所有権は新しい所有者に移転することができます。サイバー空間では、デジタルツインの固有性と移転可能な所有権は、価値の重要な構成要素となります。現実世界における価値移転の媒体は通貨ですが、サイバー空間でのそれは暗号資産（仮想通貨）になります。

このように、目に見えないけれど価値のあるものをサイバー空間上のデジタル資産として管理し、所有権を付与して新たな価値の物差しを創るという信用創造のかたちが、まさに冒頭のカーボンクレジットを創出することと同じなのです。ちなみに、暗号資産のひとつであるビットコインの基盤技術となるブロックチェーンは、架空の人物であるサトシ・ナカモトが２００８年にインターネットで公開した論文で明らかになった技術です。暗号技術やＩｏＴが発達していなかった20年前には、カーボンクレジットの基礎となる$\mathrm{CO_2}$削減量や取引データの透明性を高めるためのブロックチェーンのような技術は存在していませんでした。

ブロックチェーンの登場とその普及が、目に見えない$\mathrm{CO_2}$の削減努力というグローバルなコモンズ（共有財）の信用創造と同じ時間軸で進行していることは偶然ではありません。実際のところ、カーボンクレジットの取引においては、日本でもブロックチェーンの導入検討がされています。

500年に一度の大変革と新たな信用創造

目に見えないものとの戦いである新型コロナウイルスのパンデミックにおいては、約500年前のペスト発生後のルネッサンスと同じようなことが起きています。それは、欧州で活版印刷や複式簿記が発明され、通貨と信用システムにおける既成概念が根底から覆されたことに匹敵する、非常に大きな大変革です。現在目の前で起きているのは、ブロックチェーン社会の拡がりと脱炭素の潮流加速が新しい信頼のプロトコル（仕組み）や信用創造、すなわち新しい通貨を生んでいるということになります。

コロナ禍に欧米と中国が脱炭素でコーペティション（協調と競争）の関係構築を進めようとしています。本書で詳述しますが、排出量取引と国境炭素税（炭素国境調整措置）の導入により、今後はカーボンクレジットが国際デジタル通貨として世界で流通します。脱炭素は産業革命以来の大変革であり、世界秩序を大きく変えるポテンシャルを秘めています。

欧州が仕掛けるゲームチェンジと新たな錬金術

脱炭素は欧州が編み出した世界経済のゲームチェンジであり、CO_2削減努力をお金に替えるという新しい錬金術です。そして、この大変革のメイン舞台となるのが自動車産業です。自動車を生んだ欧州にはプライドがあります。自動車産業で再び主導権を握るため、脱炭素でルールづくりを急ぎ、ゲームチェンジを仕掛けようとしています。ルールづくりやゲームチェンジは、数多くの文化や都市国家から成る欧州が長きにわたり培ってきた生活の知恵のようなものです。詳細は後述しますが、２０１６年に今や自動車業界で流行り言葉となっている「ＣＡＳＥ」が欧州で生まれましたが、その時からすでにこのゲームチェンジのシナリオは巧妙につくられていました。

自動車の原点回帰とゼロカーボン

英国は早くから、自動車の脱エンジン政策を推進することを表明しています。実は英国の野心的な脱炭素政策はスコットランドに由来しています。

スコットランドは地元住民のエネルギー消費を地場の風力発電だけで賄えることが可能だと分かり、２０１７年に、２０３２年までのエンジン搭載車全廃を誓約しました。スコットランド自治政府の目標は英国政府よりも野心的です。スコットランドの沖合にある北海では、原油採掘よりも洋上風力発電の方が雇用創出力と経済貢献が大きいとみられていることが背景にあります。

自動車産業で脱炭素の中心にある電気自動車（ＥＶ）の歴史は、１８３２年にスコットランド人のロバート・アンダーソン（Robert Anderson）が発明したことに始まります。地球温暖化対策でのコーペティションの舞台は京都、パリから２０２１年はスコットランドのグラスゴーへと移ります。ＥＶと蒸気機関車が発明されたモビリティのメッカであるグラスゴーで２０２１年11月、第26回国連気候変動枠組条約締約国会議（ＣＯＰ26）が開催されます。英国にとって脱炭素は、産業革命以来の大変革を意味するものであり、この国際会議の開催地としてグラスゴーが選ばれたのは象徴的なことです。

世界的な環境政策において、ＣＯＰ26の重要性はＣＯＰ３（京都議定書）やＣＯＰ21（パリ協定）を上回り、歴史的なマイルストーンになることは間違いありません。世界経済秩序が揺らぐほどのコロナ禍に直面し、英国や欧州が脱炭素を産業革命以来の大改革と捉え、ルールづくりやゲームチェンジで主導権を握ろうと躍起になっています。そして、この世界的な大きなムーブメントに米国や中国、ロシアも加わるのです。

本書のタイトルを「モビリティ・ゼロ」としたのは言わずもがな、モビリティにフォーカスして、CO_2排出実質ゼロを目指す脱炭素やカーボンニュートラルという発想の意味や目的、そしてそれを実現するための方法論を説明するからです。

それに加えて、自動車産業がＥＶや蒸気機関が発明された産業革命に匹敵する新たな変革期を迎え、これまでの固定観念を捨てて新しい価値と方法を見出す「ゼロスタート」に立ったということも意識して名付けました。

脱炭素の本質は価値創造のイノベーション

脱炭素の本質は、カーボンフットプリントを減らすのと同時に、様々な産業において価値創造のイノベーションを促し、新たな経済圏と雇用を創出することにあります。CO_2削減目標の数字に踊らされるだけで終わってはなりません。

脱炭素を理解するということは、欧州が編み出したこのゲームチェンジャー（物事の状況や流れを一変させるアイデア）の背景と方法論を理解することから始まります。自動車産業のデジタルトランスフォーメーション（ＤＸ）の一環である脱炭素は、ボーダーレスな取り組みであり、国や地域、企業の規模や既存のヒエラルキーといった、バウンダリー（境目）とは無縁な世界で新しい経済圏を構築することです。「モノ」を動かすことから「（環境）価値」を動かすことへ発想を大転換し、いかに地域住民に対して雇用の創出と所得の向上をもたらすかが重要です。

脱炭素はポリシーメーカー（政策立案者）が編み出したものです。ポリシーメーカーの立場で、なぜこのようなゲームチェンジを仕掛け、なぜ新しいルールをつくり、それは何を目的・狙いとしているのかを理解することが最も重要です。脱炭素への対応は、まず「ルールづくり」の理解と関与が先にあって、「モノづくり」はその後に取り組むべきことです。日本企業の多くは順番が逆になっています。別の言い方をすれば、脱炭素やＳＤＧｓと言った欧州発のルール・ゲームにおいては、日本の産業や企業はルールメーキングの意味を理解し、そこに携わることができれば、この難局を乗り越えることができると思います。

この本をきっかけに、「モビリティ・ゼロ時代」を迎えた自動車産業の発展を、読者の皆さまと一緒に追求していきたいと思います。そして、この新しい価値創造の世界潮流の中で日本や日本自動車産業がいかに生き残るか。課題提起し解決策を提案しながら、日本への提言も行いたいと思います。

CONTENTS

第2章

カーボンプライシング、脱炭素を通貨に変える錬金術 75

第3章

カーボンフットプリントを要因分解する 105

第4章 アップルのEV参入が意味するもの

第5章 ピンチをチャンスに、日本への提言

プロローグ　欧州電池指令の衝撃

欧州に外堀を埋められつつある日本の自動車産業

欧州委員会（ＥＣ）は２０２０年12月10日、サーキュラー・エコノミー（循環型経済）の構築に向けた、車載用や産業用電池に関する規制の大規模改正となる規則案「欧州電池指令」を発表した。この欧州電池指令に新たに盛り込まれた内容に世界の自動車産業は動揺し、とりわけ日本の自動車メーカーに大きな衝撃を与えている。

なお、この規則案は当初は「電池指令（Directives）」として欧州連合（ＥＵ）加盟国の国内法化を通じて各国で実施・運用される、ＥＵでの電池と廃棄電池の管理法令であった。その後、２０２１年1月25日、ＥＣはこの電池指令を廃し、「電池規制（Regulation）」という形にした上で世界貿易機関（ＷＴＯ）に通報した。規制に格上げされると、国内法化のプロセスを省略してＥＵ加盟国に一律に規制が適用されることになる。２０２１年４月26日まで当規制に対するパブリックコメントを募集し、それを踏まえて２０２１年中または２０２２年に規則案が採択される見通しである。

電池規則案には13の新措置案が盛り込まれたが（第1章参照）、その内のひとつの新措置案の内容が特に衝撃的だった。そこには、ＥＶ用や産業用電池を対象に、電池及び部材の製造者や生産工場の情報に加え、電池の製造ライフサイクルの各段階でのCO_2総排出量や、独立した第三者検証機関の証明書を含むカーボンフットプリントの申告を２０２４年7月1日から義務化すると記載された。そして、カーボンフットプリントが公表された電池のみを市場に出荷することができると明記された。

製品の原料採取、材料と製品の生産、流通・消費、廃棄・リサイクルといったライフサイクル全体における環境負荷を定量的に評価することをライフサイクルアセスメント（ＬＣＡ：Life Cycle Assessment）と呼ぶ。自動車メーカーは僅か3年半の間に、車載電池のカーボンフットプリントに関するＬＣＡ対応ができる体制を整えなければならなくなった。なお、ＥＶのライフサイクルにおけるCO_2排出の大宗は、車載電池のセル製造に起因するものである。

現状、日本を含む多くの自動車メーカーや電池メーカーがＬＣＡへの対応が不十分な状況で、手を打たなければ欧州で自動車が売れなくなる可能性がある。また、ＥＣが導入予定の国境炭素税というグリーン関税において（第2章で詳述）、将来、輸入車両への関税の課税標準が車載電池のカーボンフットプリントになると、ＬＣＡ対応が不十分な車の輸出競争力が低下するおそれがある。特にＥＶ化（脱エンジン）に遅れ、ＥＶ用車載電池のサプライチェーン構築及び脱炭素化が発展途上にある日系自動車メーカーへのマイナス影響は大きくなる。日本の自動車産業は欧州に外堀を埋められつつあるのである。

米中も欧州のルールメーキングに追随

国境炭素税は米国も導入予定であり、課税対象品目は未定であるものの、欧州のように車載電池のＬＣＡを導入することになれば、日本製車両の輸出競争力は米国向けにおいても低下するリスクが高まる。欧州のような排出量取引の全国版を導入し始めた中国は、現在は国境炭素税に否定的な立場をとっているが、もし欧州同様に国境炭素税も導入することになれば、カーボンプライシングの導入で出遅れている日本のとりわけ自動車産業へのダメージは甚大なものとなろう。

ＬＣＡの体制構築は容易ではない。自動車メーカーは車載電池の原料を採取する資源会社や、部材を製造する化学・素材メーカー、そして電池メーカーと連携して、製造ライフサイクル全体をカバーしたカーボンフットプリントのトレーサビリティ（履歴追跡性）を構築しなければならないからだ。

雇用創出を目的とした欧州の国家戦略

ＥＣが欧州電池規制を導入する背景には、ＥＣが脱炭素の推進とサーキュラー・エコノミーの構築を新産業と雇用の創出を目的とした「国家戦略」にしたいという強い意向がある。ＥＣは「欧州グリーンディール（The European Green Deal）」という環境政策を２０１９年12

月11日に策定し、2050年までの温室効果ガスの排出量実質ゼロ、いわゆる気候中立（Climate Neutrality）を目標に掲げている。この環境政策における重点施策のひとつが「サーキュラー・エコノミー行動計画（Circular Economy Action Plan）」になるが、同計画における取り組みの第1弾として欧州電池指令が発表されたのである。

欧州主導の国際コンソーシアムでのルールづくり

ECは欧州グリーンディールの主要戦略のひとつ「持続可能なスマートモビリティ戦略（Sustainable and Smart Mobility Strategy）」の中で、自動車のEV化に注力している。そして、EUが財政支援する欧州電池連盟（EBA：European Battery Alliance）を立ち上げ、官民一体での車載及び産業用電池の研究開発促進や生産拡充を目指すことでEV化の加速を図っている。

欧州電池指令は、ECが組成したEBAの分科会などで協議された内容を基に策定されたと言える。なお、EBAは2017年10月に設立されたが、参画メンバーは欧州の自動車関連企業に限らず、米国や日本を含む海外の自動車メーカーや化学品、素材メーカーなど合わせて600以上のグローバル企業が集まる巨大なコンソーシアム（共同体）となっている。このコンソーシアムにはドイツに工場を新設する米テスラ、車載電池の世界大手である中国CATLや韓国LGエナジーソリューションも参加している。もっとも、日本の電池メーカーは参画していない。

巧妙かつ周到に練られた自動車産業のゲームチェンジ

２０１６年10月、パリモーターショーでダイムラーのディーター・ツェッチェＣＥＯ（当時）が「ＣＡＳＥ」という新造語をつくり、ドイツ連邦参議院が２０３０年以降のエンジン搭載車の販売を禁止することを決議した。そのわずか1年後に、ＥＢＡが創設された。すなわち、ディーゼル不正問題にあえぐドイツが脱エンジンの号砲を鳴らしてから間もなく、欧州は車載電池における新しいルールづくりに着手したのである。

そして、欧州発のルールが海外でも取り入れられるよう、豊富にある再エネを地の利として活かしながら、ＣＡＴＬやＬＧエナジーソリューションといった車載電池の世界トップ企業の工場を脱炭素化がしやすい欧州に誘致した上で、サーキュラー・エコノミーを網にしてこれら海外企業が調達するリソースを域内で囲い込む。欧州に電池の強固なサプライチェーンを構築するために巧妙に練られた戦略である。これにより、欧州は既存の自動車産業のサプライチェーンとバリューチェーンをリセットし、カーボンフリーな再エネ産業と連携させながら、車載電池を中心とする新しい経済圏を創造していくのである。

欧州電池規制のもうひとつのポイントは、ＬＣＡ要求が欧州にとどまらず、米国や中国でも同様の仕組み・要求が取り入れられる可能性があるということである。なぜなら、ＬＣＡで再エネ利用によりカーボンフットプリントを削減すると、クレジットのかたちで環境価値を生むことができる。米中は排出量取引や国境炭素税といったカーボンプライシングの導入を進めることから、クレジットが国際通貨のように欧米中の間で流通するからである。

カーボンフットプリントのＬＣＡ要求は、欧州が編み出した自動車産業のゲームチェンジであり、このゲームチェンジは５年前から巧妙かつ周到に練られたものなのである。

脱炭素を促すためのからくり

ＬＣＡ対応を可能にするエコシステムの構築は多額のコストを伴うが、そのコストを軽減または吸収するためのインセンティブをポリシーメーカーは用意している。そのからくりがカーボンプライシングなのである。この仕組みの詳細は後述するが、市場メカニズムを活用したCO_2の排出量取引の導入により、関連企業が車載電池の製造段階において再エネを利活用することでカーボンクレジットを稼げるようにする。石油化学セクターを対象にした排出量取引市場も設立することで、電池材料を製造する石油精製や化学品・素材メーカーがCO_2を削減することに努力し、脱炭素政策に貢献することに対して、「ご褒美」としてのクレジットを提供する仕組みを構築する。

そして、国境炭素税も導入することで、欧州内で生んだ環境価値を持ったＥＶの域内生産と雇用を守り、輸出競争力も高めることができるのである。

LCA対象品目の拡大とサーキュラー・エコノミーの構築

今後は、LCAを要求する対象品目を車載電池から他の部材へと拡大するだろう。製造段階でのCO_2排出量が多い鉄材やアルミ材といった車の構造材料、EVで搭載されるモーターの材料、車体軽量化や燃料電池車に大量に使われる炭素繊維強化プラスチック（CFRP）等へと対象品目が広がっていくと予想され、すでに欧州自動車メーカーや化学・素材メーカーはそれを見越して動き始めている。

また現在は車載電池のような部品の製造プロセスにおいてLCA対応を要求されるが、リユースやリサイクルの促進でサーキュラー・エコノミーが構築されると、LCA要求の範囲は新車の工場出荷から流通や消費、廃棄やリユース・リサイクルの段階まで広がっていく。

自動車産業を中心にLCA対応やサーキュラー・エコノミーの構築が急務となっているのは、自動車の製造から流通、自動車を使った人やモノの輸送をカバーする輸送セクターが世界規模で大量にCO_2を排出しているからだ。

従って、欧州が特に自動車産業での脱炭素において政策・制度のデザインを必死に推し進めているのは、カーボンクレジットという新しい通貨が生まれる領域を広げながら、車載電池を中心にした環境価値の創造を促し、国・地域を跨いだ新経済圏を構築することで、地域内の雇用と富の創出を急いでいることが背景にある。欧州は脱炭素におけるルールメーキングを通して、自動車産業の主導権を再び握ろうとしている。

エコシステム全体で新たな価値と雇用を生む

欧州のポリシーメーカーは自動車産業に対して、車というモノを動かすことからＥＶ用車載電池を中心に創られる新たな価値を動かすことへと発想の大転換を促している。その新しい価値とは、自動車のライフサイクルにわたるCO_2削減と、分散型電力ネットワークの中で車載電池が融通する再エネの発電で生まれる環境価値を指す。特に後者では、風力発電や太陽光発電といったカーボンフリーの再エネへの投資は数多くの新規雇用を創出する。

この新しい価値をカーボンクレジットで可視化するため、ポリシーメーカーは自動車メーカーと電力会社に対して排出量取引を導入しようと考える。自動車産業と電力産業がＥＶを介して新しい価値を融通し、その価値を増やしていくため、脱炭素政策ではＥＶ普及戦略とクリーンエネルギーの発電戦略はセットで構築されるのが一般的である。

なお、ＥＶ化が進展すると車一台あたりの部品搭載点数が大きく減ることから、既存の自動車産業のサプライチェーンの中ではエンジン部品の製造を中心に雇用が失われる。ポリシーメーカーは再エネや充電ネットワーク等の発電・配電・充電といった新しい産業への投資で新規雇用を増やし、自動車の既存ビジネスでの雇用喪失を吸収することで、ＥＶを中心とした新しいエコシステム全体で雇用を増やすことを目指している。

欧米の強いコミットメント　脱炭素の狙いは雇用創出

欧州が気候変動対策に取り組む最大の目的は雇用創出である。「欧州グリーンディール」という名称は、金融危機の最中である２００８年11月に米国で当選したばかりのオバマ元大統領が打ち出した「グリーン・ニューディール」にちなんでいる。自然エネルギーや地球温暖化対策に公共投資を振り向けることで、新たな雇用を生み出そうとする政策である。

そして米国でも、就任直後にパリ協定に復帰したバイデン大統領が２０２１年４月28日の就任後初の議会演説で、「あまりに長い間、我々は気候危機に対応する上で最も重要な言葉を使ってこなかった。それは雇用だ」と述べた。[注1]そして、ＥＶや車載電池の生産従事者を米国内で増やし、電力グリッドの拡充や充電ステーションの普及を促すために公共投資を拡大して電気工の雇用を増やすと公言した。

世界恐慌からの脱却を目指した民主党出身のフランクリン・ルーズベルト大統領が１９３３年に打ち出した「ニューディール政策」のように、欧州も米国も積極的な公共投資による景気刺激策を打ち出している。そして共に気候変動対策を主要施策に掲げる。ニューディール政策と違うのは、単なる地域・自国内の景気対策にとどめず、海外にも長期的な社会変革を促そうとする並々ならぬ政治的野心があって、そのゴールをカーボンニュートラルに設定していることである。そして、カーボンニュートラル実現に向けた取り組みの一丁目一番地に、自動車の

ＥＶ化が位置づけられている。

世界的な闘いに中国も加わる

バイデン大統領は同じ議会演説で、「気候変動問題は私たちだけの闘いではない。これは世界的な闘いだ」とも言った。この脱炭素という国際潮流の中で、欧州に負けじと米国も主導権の掌握を狙っている。議会演説の1週間前の4月22日、バイデン大統領は気候変動に関するオンライン形式の首脳会議（気候変動サミット）を主催し、欧州や日本に加え、中国、ロシア、インドなどのトップを集め、脱炭素に向けた協力と行動を求めた。

世界最大の自動車市場である中国では、2020年9月22日開催の国連総会で習近平国家主席がCO_2排出量を2030年までに減少に転じさせ、2060年までにカーボンニュートラルを目指すと表明した。2021年3月5日の中国共産党の全国人民代表大会（全人代）での李克強首相の政府活動報告では、第14次5か年計画の新たな発展理念に「グリーン」を掲げた。そして、2021年の重点活動のひとつに環境の質の持続的改善を挙げ、「中国は地球村の一員として、実際の行動で世界の気候変動対策にしかるべき貢献をしていく」と述べた。[注2]

米国との関係悪化が進む中国は、習近平国家主席が気候変動サミットに参加したように、気候変動問題に関しては国際協調を重視している。特に「自動車強国」を目指す中国は、ＥＶ市場としても世界最大になったが、今後は中国製ＥＶの輸出を通じた自動車産業の国際化を推し進めていく。２０２１年２月、電力会社向けに全国規模の排出量取引市場を開設したが、将来的には自動車会社向けでも導入する可能性が高い。自動車産業の国際競争力の維持・向上のため、中国は排出量取引市場を構築しながら、現在は否定的である国境炭素税を導入することで、中国製ＥＶが海外でも伍して戦えるための体制を強化していく可能性がある。

京都議定書やパリ協定の時代とは違い、欧米中は世界的な気候変動問題の解決に向けて共闘するようになったが、ＥＶを中心とした脱炭素での勢力図争いは激化していく。世界自動車産業は新しいコーペティションの時代を迎えようとしている。

半導体なくして車はつくれず　自動車産業のヒエラルキーが崩れる

脱炭素の世界潮流が加速する中、自動車産業では大変革の胎動が聞こえ始めている。

コロナ禍でテレワークが広がり、世界中でパソコンやタブレットなどの電子機器の需要が急増したため、２０２０年終盤から世界的に半導体の需給ひっ迫が続いた。そこに自動車生産の回復が重なり、ＩＴ産業と自動車産業で半導体を奪い合う状況になった。更に不運なことに、２０２１年２月に米テキサス州を大寒波が襲い、多くの半導体企業の工場が停止した上、日本の半導体大手企業のルネサスエレクトロニクス（以下、ルネサス）の主力工場で火災が発生し操業が停止した。結果、半導体不足が深刻化し、遂に多くの自動車メーカーが減産や操業停止に追い込まれてしまった。

自動車用の半導体は主に電子制御ユニット（ＥＣＵ）の中に入っているが、車のコネクテッド化や電動化の進展により、車1台に搭載されるＥＣＵの数は今や50～１００個にも上る。半導体がひとつでも足りないと、車はつくれない。

半導体の付加価値の源泉である前工程を担うのは主にファウンドリー（半導体受託生産会社）であるが、最大手の台湾積体電路製造（ＴＳＭＣ）は世界シェア5割半ば、2位の韓国サムスン電子は約2割と、両社だけで世界の7割以上を占めている。自動車向け半導体の生産を担うルネサスの主力工場が火災で停止した後、日本の経済産業省と日本自動車工業会はＴＳＭＣに代替生産を要請した。ファウンドリーにとっては、売上高に占めるシェアが小さい自動車産業は上客ではない。高収益なスマートフォンやパソコン向けの半導体供給を優先したいので、自動車向けでは強気な価格交渉を仕掛ける。自動車産業は自動車メーカーを頂点にしたピラミッド型のヒエラルキーで構成されているが、半導体不足に直面して、自動車メーカーとサプライヤーの立場が逆転しつつある。

今後はＥＶ化の進展により、半導体に加えＥＶの主要コンポーネントである車載電池でも、自動車メーカーはサプライヤーに主導権を握られやすい状況になる。欧米や中国は、国策として半導体と車載電池の地域・自国内でのサプライチェーンの拡充を急いでいる。他方、日本はサプライチェーンの強化が遅れている。半導体も車載電池も日本メーカーの市場シェアが小さいため、日本の自動車メーカーは海外サプライヤーに依存せざるを得ず、車両生産と事業収益の安定性が損なわれるリスクが高まっている。

アップルのEV参入と水平分業化の波　スマホ化する自動車

2020年末から、米アップルがEVに参入するとの報道や業界関係者の見方が飛び交っている。アップル自身は秘密主義を貫いているが、社内で約5千人が自動運転技術の開発に携わっていることが過去の資料で明らかになったり、2017年ごろからカリフォルニア州にある本社周辺で公道走行実験を始めており、かねてEV参入の観測報道は数多く出ている。

しかし、今回の騒動はこれまで以上のレベルで過熱化している。昨今の騒動の震源地は半導体業界が活況を呈する韓国と台湾である。韓国現代自動車は2021年1月8日、「アップルは現代自動車はじめとする世界の様々な自動車メーカーと協議中であると理解している」と公式コメントを発表した。その後コメントを撤回したが、世界中の報道合戦に火をつけた。

台湾では鴻海精密工業が2020年10月、EVのプラットフォーム「MIH」を開発すると発表し、同時にこのプラットフォームを開発するオープンなコンソーシアムを組成して、EV参入を明らかにした。世界最大手のEMS（電子機器受託製造サービス）である鴻海はアップルのiPhoneを受託生産することから、アップルカーも生産するのではないかと注目を集めている。なお、このMIHコンソーシアムには世界中から約1800もの自動車関連企業が集まっている。

アップルは高収益な最先端の半導体を大量調達しているので、ファウンドリーにとっては上客である。自動車ビジネスに参入すると、半導体の調達力が高いことが既存の自動車メーカーにとって脅威になるだろう。

また、アップルがＥＶに参入すると、現在スマートフォンでもそうしているように、自動車ビジネスが水平分業化する可能性がある。ＥＶを自前で設計するが、生産を外部に委託して投資負担を抑えながら収益性を高めるというビジネスモデルである。アップルカーは自動車産業への参入障壁を低くし、ＩＴ含む多くの企業の参入を促す起爆剤になるだろう。「自動車のスマホ化」が進むと、既存の自動車関連企業はビジネスモデルを大きく変える必要がある。

本書で伝えたいこと

欧州が先駆けた脱炭素政策とカーボンクレジットという国際通貨競争に米国と中国も加わり、世界自動車産業は新たなコーペティションの時代を迎えようとしている。

有権者の同意を得やすい雇用創出を気候変動対策の主な目的とする海外各国・地域は、コロナ禍からの復興というコミットメントもあり、脱炭素の推進に今まで以上に野心的に取り組む。そして主要施策のひとつである自動車のＥＶ化推進政策は、雇用創出力の高い再エネの普及を目的とした発電政策とセットで加速していく。

自動車の世界３大市場で脱エンジンの潮流が加速するが、ＥＶ化で遅れる日本自動車産業はこの不可抗力に果敢に立ち向かわなければならない。電源構成において再エネ比率が低い日本は地の利が悪いのでＥＶ化を急ぐべきではないという意見は正論であるが、海外は日本の事情に斟酌することはない。日本が世界のルールメーカーにならないのであれば、そのような正論を唱えたところで勝負に勝つことはできない。欧州が仕掛ける電池規制のようなルールメーキングやゲームチェンジは序の口で、国境炭素税を含むカーボンプライシングと組み合わせた国際競争が激化する中、日本の自動車産業はこのままだと海外のポリシーメーカーに外堀を埋められてしまう。脱炭素という名の国際的な雇用争奪戦において、日本はＥＶ化を進めることで雇用を創出するという発想が必要であり、脱エンジンで攻めることが雇用を守ることにつながるのである。

ゼロカーボンはピンチではなくむしろチャンスである。脱炭素では、カーボンプライシングによりＣＯ$_2$排出削減に伴うコストの増加に目が行きがちだが、ポリシーメーカーが適切なインセンティブをデザインできれば、排出削減努力は環境価値として評価され、クレジットの創出等を通じて企業の収益改善や輸出競争力の向上につなげることができる。環境価値の創出機会はボーダーレスに存在し、未だ掘り起こされていないものが多い。都市と地方、企業の規模や歴史といったバウンダリー（境目）は関係ない。欧米や中国が目指すように、日本も排出量取引と国境炭素税を導入し、日本全国に埋蔵金のように存在する環境価値を掘り起こして、特に自動車産業の輸出競争力を急いで上げなければならない。日本は環境政策、とりわけカーボ

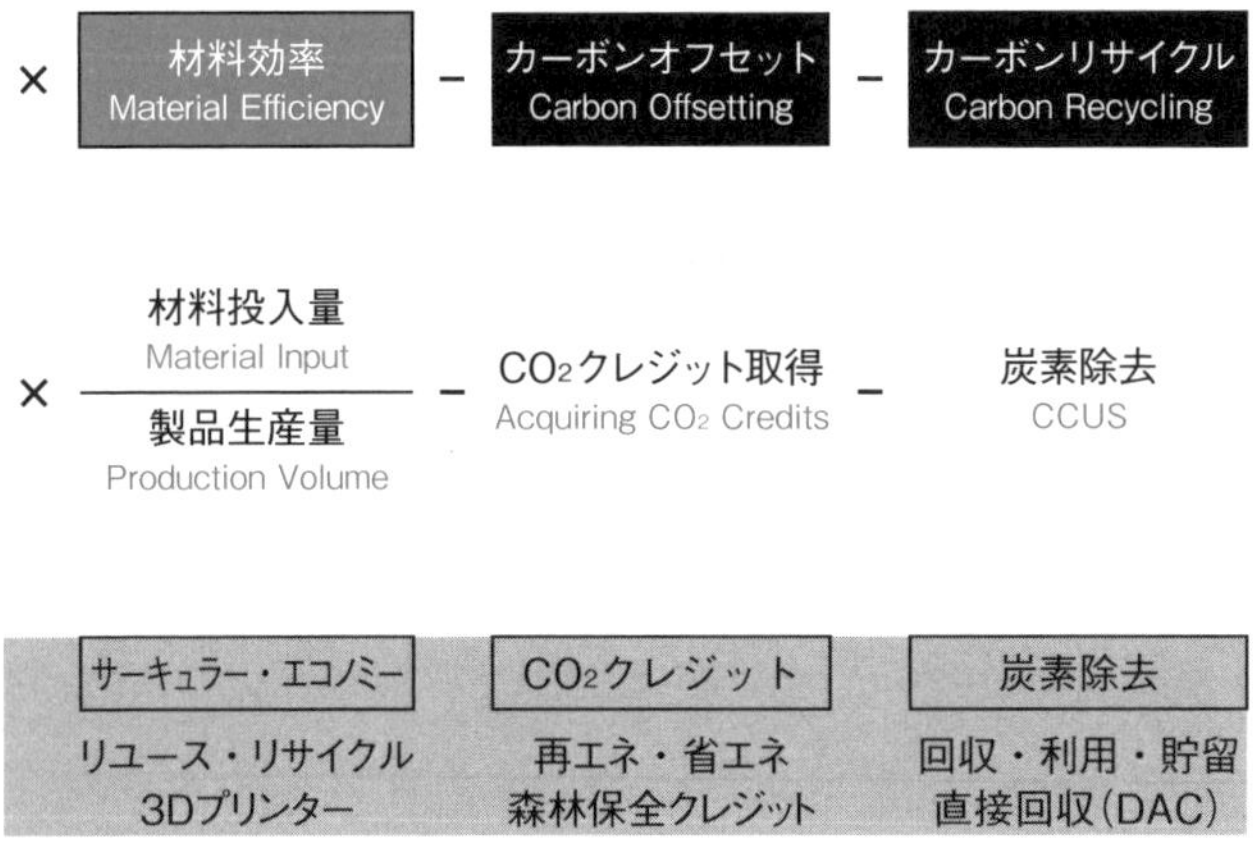

ンプライシングの制度設計においては、省庁間の縦割りを打破して包括的に取り組むことで、日本経済の競争力強化を模索しなければならない。

　日本の自動車会社は、モノを動かすことから価値を動かすことへ発想を大転換する必要がある。特にEV化が進むと、自動車産業の参入障壁は低くなり、水平分業型ビジネスを行う新興企業も参入してくる。アップルや鴻海といったスマートフォンで成功した企業は、既存の自動車会社やテスラともビジネスでの戦い方がまるで違う。EVメーカーとなる新規参入企業は既存の自動車メーカーよりも半導体の調達力が高いので、テスラ以上に脅威となろう。既存メーカーは「モノづくり」に長けているが、半導体がなければ車がつくれない状況にある。大手自動車メーカー

図表序-1　カーボンニュートラルを紐解く方程式

ネットCO_2排出量 Net CO_2 Emissions	=	製品生産量 Production Volume	×	炭素集約度 Carbon Intensity	×	エネルギー強度 Energy Intensity

$$\text{ネット}CO_2\text{排出量 (Net } CO_2 \text{ Emissions)} = \text{製品生産量 (Production Volume)} \times \frac{CO_2\text{排出量 (}CO_2\text{ Emissions)}}{\text{エネルギー消費量 (Energy Consumption)}} \times \frac{\text{エネルギー消費量 (Energy Consumption)}}{\text{材料投入量 (Material Input)}}$$

対策	再エネ	省エネ
	太陽光・風力・地熱 カーボンフリー水素	ヒートポンプ、LED 廃熱利用

出所：筆者作成

はＥＶ化の推進と半導体の調達に充分な資金を投入できるであろうが、それが難しい特に中堅以下の自動車メーカーは、アップルカーも手掛けるだろう鴻海のような水平分業型の新規プレーヤーとタッグを組んで、ＥＶの受託生産を検討し始めるだろう。このようにして、自動車産業にも水平分業型ビジネスが徐々に入り込んでいくのである。

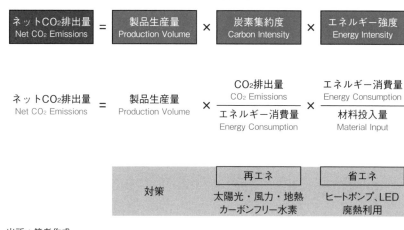

また、新規参入企業は脱炭素に加え、サーキュラー・エコノミーや倫理的調達などＳＤＧｓの領域でも新しい価値を顧客に訴求するような、「価値づくり企業」としてやってくる。自動車産業のＤＸが進む中、これらの新しい価値はボーダーレスにネットワーク化されていく。

脱炭素という荒波を乗り越えるため、日本の自動車産業はオールジャパンで勝つという発想を捨てる必要がある。新興ＥＶメーカーも入り乱れる脱炭素時代の自動車ビジネスでは、高い技術力よりもスピードと資金力が物をいう。新規参入者には中国含むアジアのデジタル産業で成功した企業も多い。日本の自動車会社は地の利を活かして、スピードと資金力で成功したこれらアジア企業と連携し、「オールアジア」で難局を打開する道を探るべきである。

本書の流れ

次に、大まかな本書の流れを説明する。

脱炭素はポリシーメーカーが編み出した環境規制に対応するための取り組みである。たとえ業界トップの規模や技術力を持っているとしても、ルールメーカーがどのような目的で環境規制を導入しているかを理解しないことには、企業はこの脱炭素時代で生き残ることは難しい。第1章では、脱炭素の背景にあるポリシーメーカーの狙いを説明する。

脱炭素に向けた行動変容を企業に促すインセンティブとして、カーボンプライシングという制度がある。カーボンプライシングによる環境対策と経済成長の両立において、最も貢献が期待されるのは自動車産業である。脱炭素時代においては、ＥＶ化だけでなく、カーボンプライシングも理解することが自動車・モビリティビジネスで生き残るための近道となると言っても過言ではない。第2章では、カーボンプライシングの概要及びポイントについて簡単に説明する。

カーボンニュートラルを実現するためには企業は具体的に何をすればよいのか。第３章では、それを考えるためのツールとして、図表序－１に示す方程式を活用しながら、自動車関連会社が取り組むべき脱炭素化の方法論について最新事例を交えながら解説する。

第４章では、ＥＶ化が進むことによって、自動車の産業構造がどのように変わるのか、そして自動車・モビリティ企業はＥＶを中心にどのような提供価値を追求し、いかにして事業収益を上げて生き残っていくのか、について解説していく。

そして最終章である第５章では、脱炭素の波が押し寄せている日本のモビリティの未来を創ろうとするポリシーメーカー、自動車業界、これからＥＶ業界に参加しようとする人々に対しての提言を行い、日本の自動車産業が生き残るためのグランドビジョンも示して締めくくる。

本書は２０２１年８月31日時点での情報を基にしている。

Mobility ZERO

第1章

脱炭素の背景にある
ポリシーメーカーの狙い

1 企業のイノベーションを促すためにある環境規制

脱炭素はポリシーメーカーが編み出したルールであり、環境規制に対応するための取り組みである。企業はたとえ業界トップの規模や技術力を持っているとしても、ポリシーメーカーがどのような目的で環境規制を導入しているかを理解しないことには、この脱炭素時代で生き残ることは難しい。本章では、脱炭素の背景にあるポリシーメーカーの狙いを説明する。

先に結論を言うと、その狙いとは、産業と企業に対して、地球温暖化で社会が被るコストを負担させるのと同時に、厳しいCO_2削減目標を達成するための技術革新を促し、新しい経済圏を構築して雇用を創出させることにある。CO_2をいつまでにいくら削減するかという数値目標を立てることは確かに重要だが、その目標を達成するために企業のイノベーションと社会の変革を促すことが脱炭素政策の目的である。

排ガス規制は技術的強制型が常套

「ポリシーメーカーが産業に求める技術革新は非現実的なものであるのは当然だ」

これも20年前にLSEの環境政策学の講義で教わったことである。

環境政策は、企業単位では対応できない公害の削減や資源配分の効率化を目的とするが、様々な手法がある。歴史的に、環境政策のひとつである排ガス規制は、強制的技術促進（Technology Enforcing）の考えに基づく技術的強制型規制となるのが常套となっている。技術的強制型規制とは、技術が確立された上で規制値を決めるのではなく、既存のメーカーが技術開発を行うことで初めて規制値をクリアできるというものであり、メーカーの技術革新を促したうえで課題を解決することが目的にある。

従って、業界のトップ企業が持つ現在の最高水準の技術をもってしてもクリアできない規制値を設定し、非現実的でさえある水準の極めて厳しい技術改善を要求することになる。既存の大手メーカーは厳しい規制に反発し、規制緩和や導入時期の延長を求めるようなロビー活動を行う傾向となる一方、トップ企業を追う立場の中堅企業や新興企業には、技術革新にチャレンジすることでビジネスを奪うことができるといったチャンスがもたらされる。

マスキー法

このような技術的強制型の環境政策で最も有名な排ガス規制として、米国の１９７０年大気浄化法改正法がある。ニクソン政権時の１９７０年代は公害問題が深刻化していたが、大気汚染に対して民主党上院議員のエドマンド・マスキー氏（Edmund S. Muskie）を代表とする小委員会にて同改正法が決定された。当時、大気汚染の6～8割は自動車からの排ガスによるものであったことから、同法は自動車業界をターゲットとし、推進者のマスキー上院議員の名前にちなんで「マスキー法（Muskie Act）」と呼ばれた。公害世論が特に厳しいカリフォルニア州を地盤とする共和党のニクソン大統領にとってマスキー法には一部承認できない内容があったものの、拒否すると2年後の1972年に控えた大統領選挙において世論を敵に回すことになることから、1970年12月31日に同法に署名した。

マスキー法は全国統一の大気質基準を定めて、米国民の健康保護だけを目的としたものだった。従来のように技術が確立された上で基準値を決める法律ではなく、自動車メーカーが技術開発を行うことによって初めて基準値をクリアできる技術的強制型規制であった。

マスキー法は1975年または1976年にその排ガスの成分を1970年または1971年当時の10分の1にするという、基準値をクリアするための技術的な要求水準が極めて高い法律であった。米ゼネラル・モーターズ（GM）、フォード、クライスラーの「ビッグ3」はこの規制のハードルが高すぎるとしてロビー活動を展開し、達成目標年の延期や基準値の緩和が何度も行われた。米国の自動車メーカーでこの法律の基準値をクリアしたのは、法律制定から約四半世紀過ぎた1993年であった。

自動車の排ガスに関しては、一酸化炭素（CO）と炭化水素（HC）では1970年モデルと１９７５年モデルとの比較で９割の削減を、窒素酸化物（NO$_x$）では１９７１年モデルと１９７６年モデルとの比較で９割の削減が要求された。

なお米国での同法制定から２年後の１９７２年（昭和47年）７月、環境庁長官の諮問機関である中央公害対策審議会が日本でもマスキー法に準じた排ガス規制を行うよう勧告した。そして、同年12月に「48年度（１９７３年度）排ガス規制基準」、１９７３年１月には「48年度使用過程車に対する自動車排出ガス規制」が制定された。米国と同じ規制値で、CO及びHCについては１９７５年までに、NO$_x$については１９７６年までに、それぞれ１９７０年及び１９７１年の排出量を９割削減することを求めた。

ホンダと東洋工業がクリア

マスキー法をクリアするために自動車メーカーは技術革新を迫られ、各社は独自の強みを活かしてそれに挑戦した。日本では当時、トヨタと日産がリーダー企業として乗用車市場の約８割のシェアを占めていたが、中堅メーカーのホンダと東洋工業（現マツダ）がチャレンジャーとして挑んだ。

そして、ホンダが開発したCVCC（複合過流調速燃焼方式）エンジンが１９７２年12月、米国環境保護庁（EPA）の研究施設にてマスキー法テストで合格した。ホンダは初めてマスキー法をクリアした自動車メーカーとなり、翌１９７３年12月にCVCCエンジン搭載の乗用車「シビック」を発売した。シビックは日本のみならず米国でもヒット商品となり、二輪メーカーとして認知されていたホンダは四輪メーカーとしても世界でその名を轟かし、同社のみならず日本自動車産業のグローバル化に火をつけた。CVCCの技術は後にフォードとクライスラー、トヨタが導入した。

東洋工業も独自技術であるロータリーエンジン（RE）でマスキー法に挑んだ。画期的な浄化システムを用いたREをマツダR100（日本名ファミリア・ロータリー）のクーペに搭載し、1973年2月にマスキー法をクリアした。なお、東洋工業はマスキー法クリアに先立つ1972年11月に、日本市場初の低公害車として「ルーチェAP」を発売し、順次APモデルを増やしていった。なお、APは「Anti-Pollution（脱公害）」の頭文字である。新浄化システムはサーマルリアクター（熱反応器）を用いるために燃費が悪くなるが、世間は燃費よりも「脱公害」を選好した。日本でも光化学スモッグなどの公害が深刻な社会問題になっていた時期だった。

チャレンジ精神を鼓舞する

「四輪の最後発メーカーであるホンダにとって、他社と技術的に同一ラインに立つ絶好のチャンスである」[注1]

CVCCエンジンの開発チームの前身であるホンダ大気汚染対策研究室（通称AP研）に向

けた、本田宗一郎氏の言葉である。

トヨタや日産、米ビッグ3といったリーディングカンパニーに挑む中堅メーカーとしてのホンダは、全てのメーカーにとってハードルが高い規制のクリアに向けてチャレンジ精神を持って取り組んだ。ポリシーメーカーは技術的強制型規制を敷くことで、技術力のある中堅中小企業や新興企業にビジネスチャンスを与え、新たな雇用の創出を促す。これがポリシーメーカーが厳しい環境政策を講じることの狙いである。

第二の創業を誓うフォード

脱炭素の潮流が加速する今、世界の主要国・地域にてポリシーメーカーが自動車産業に脱エンジンを迫っている。そして、２０２１年1月にバイデン新政権が誕生してから、同政権の厳しい脱炭素化要求をクリアすることを目指す自動車メーカー各社は、大胆なＥＶ化戦略を相次いで発表している。

２０２1年1月12日、ＧＭのバーラＣＥＯはデジタル技術見本市「ＣＥＳ２０２１」の基調講演で「すべての車をＥＶ化で牽引する」と発表し、２０２5年末までに高級車からピックアップトラックを含む商用車に至る30車種のＥＶを発売する方針を発表した。ＣＥＳ開催前の1月8日には会社のロゴも57年ぶりに変更し、事業の抜本的な改革を目指すことを誓った。ＣＥＳでの基調講演から1週間後の1月28日には、２０３５年までに全乗用車を脱エンジン化し、2040年までに全世界の事業と製品でCO_2排出量をゼロとするカーボンニュートラルを盛り込んだ経営目標を発表した。そしてバーラCEOは、「環境に優しい世界を実現するため、世界の政府と企業の取り組みに参加する」と表明した。

2021年1月1日には欧米大手のフィアット・クライスラー・オートモービルズ（FCA）と仏グループPSA（旧プジョー・シトロエングループ）が合併し、世界第4位の新会社ステランティスが発足した。ステランティスも脱エンジンに舵を切ることを決め、カルロス・タバレスCEOは3月3日の決算記者会見で、EVに全力集中しエンジンにこれ以上投資しないことと、ハイブリッド車もいずれ消えると述べた。

そして、フォードも5月26日、2030年に世界販売に占めるEVの比率を4割に引き上げると発表した。

同社のジム・ファーリーCEOは「1908年にヘンリー・フォードがモデルT（T型フォード）を量産開始して以来の成長と価値を創造する最大の好機を迎えた」[注2]と発言し、創業以来の高い志と目標を掲げチャレンジ精神をアピールした。いわばこれはフォードにとっての第二の創業を誓うものであった。

「エンジンのホンダ」が脱エンジンを宣言

日本ではホンダが2021年4月23日、2040年までに世界でのすべての新車販売においてエンジンを使わないＥＶか燃料電池車（ＦＣＶ）に切り替えると発表した。日本車メーカーが得意なハイブリッド車も廃止するということで、「エンジンのホンダ」の異名を持つ同社は衝撃的な宣言を行ったことになる。ホンダの脱エンジン宣言は、日本政府が掲げる２０５０年のカーボンニュートラル達成という厳しい目標に沿ったものだという。

ホンダにとっての脱エンジンの意義は他のメーカーとは違うものである。ホンダの歴史を振り返ると、創業者の本田宗一郎氏が戦前、自動車の修理会社を経てエンジン部品であるピストンリングの会社を設立したのが同社のはじまりである。戦後この会社を売却して得たお金を元手に、１９４８年に設立したのが現在のホンダ（本田技研工業）である。

ホンダは二輪車づくりから出発し、旧陸軍が使っていた無線機の小型発動機を改造してエンジンを作り、湯たんぽを燃料タンクに転用してオートバイを開発した。これがホンダの原点である。そして、宗一郎氏の発案でバルブをピストンと燃料室の上に置く「オーバーヘッドバルブエンジン」を実用化し、二輪車メーカーとしての地位を確立した。その後、１９６３年に国内最後発で四輪車に参入し、トヨタと日産を追いかけながら、前述のマスキー法をクリアしたことで世界的な四輪車メーカーになった。エンジン開発にこだわり続け、２０１５年には小型ジェット機に参入した。ホンダの発展はエンジン開発の歴史そのものであった。

そのエンジンを廃するという、第二の創業とも言える決断をした三部敏宏社長は、脱エンジン宣言をした際にこう述べた。

図表1-1　マスキー上院議員（1972年当時）とCVCCエンジンを搭載した1973年型シビック

出所
左：Bettmann/GettyImages
右：共同

「ホンダは創業以来高い志と目標を掲げ、チャレンジを続けてきた会社であり、チャレンジングな目標にこそ、奮い立ち、挑戦する人が集う会社です。私もそのひとりとして環境技術の開発に取り組んでまいりました。今回もまだ詰めていかなければならないことがたくさんあります。しかしまず高い目標を掲げることで全員で目指す姿を共有し、実現に向けてチャレンジしたいと考え、目指すべき長期目標を明確に掲げることとしました」[注3]

野心的な目標を掲げ、チャレンジ精神で難題に立ち向かおうとする姿勢は、ホンダがマスキー法を世界で初めてクリアした時のそれと重なる。今回は脱炭素エンジンで背水の陣を敷くことが50年前との違いであるが、脱炭素の波が押し寄せる自動車業界が抜本的な大変革を迫られていることを象徴している。

2 車載電池におけるＬＣＡ要求とサーキュラー・エコノミーの構築

脱炭素で自動車産業のＥＶシフトが加速する中、基幹部品である車載電池を中心とした投資競争が激しくなっている。ポリシーメーカーは規制強化でゲームチェンジを仕掛けながら、雇用を創出する企業をサポートする。ポリシーメーカーが求めるカーボンフットプリントのＬＣＡ対応やサーキュラー・エコノミーの構築に関わる新しいルールに応えるかたちで、自動車メーカーや電池メーカーは新ビジネスを追求する動きを加速している。本節では、欧州での事例を紹介する。

スウェーデンで巨大電池メーカーが誕生

プロローグで述べた欧州電池規制のベースとなる、サーキュラー・エコノミーの行動計画を取り入れた革新的なスタートアップが２０１６年にスウェーデンで生まれた。ＥＶ用のリチウムイオン電池を開発、製造するノースボルト（Northvolt AB）という会社で、テスラの元Ｃ

図表1-2　ノースボルトが建設中の工場

出所：Northvolt

PO（最高調達責任者）兼サプライチェーンの責任者であったピーター・カールソン氏（Peter Carlson）が創設した。

2021年10月以降の電池供給開始に向けて、スウェーデン北部シェレフテオ（Skellefteå）に3000人の雇用を生むギガファクトリー（巨大工場）を建設中だが、世界中から多額の資金がノースボルトに集まっている。これまでに、EUの政策金融機関で世界最大の国際金融機関である欧州投資銀行（EIB）との2度の融資契約を締結し、ゴールドマン・サックスやフォルクスワーゲン（VW）、BMWなどからの出資も受けて、資金調達額は65億ドル（負債を含む）に達している。注4 2021年3月15日、VWが2030年までに欧州で6つの電池工場を立ち上げることを発表した。同時に、ノースボルトへの追加出資と合弁工場の規模拡大、そして、今後10年間で約140億ドル分の電池を注文する方針も示した。

なお、シェレフテオ工場の初期生産能力は60ギガワット時（GWh）を計画している。将来的には、2030年に向けて150GWhを目指している。これは標準的なEV約300万台分の電池の生産能力と大規模なものとなり、欧州での市場シェア25％に相当するということだ。[注5]

欧州電池規制で求められるサーキュラー・エコノミーの構築力

ノースボルトの事業を詳述する前に、欧州電池規制に新たに盛り込まれる主要措置案を説明する（図表1－3）。最も注目されているのは、2024年7月1日からの電池の製造ライフサイクルにおけるカーボンフットプリントの申告義務化である（新措置案6）。

なお、車載電池メーカーはカーボンフットプリントの報告義務を全うすることだけが強みになるわけではない。カーボンプライシングや国境炭素税が今後導入される中で、そのカーボンフットプリントをいかに小さく抑えられるかが、EVメーカーに採用されるかどうかの勝負の決め手となる。

また、規制値として設けられた主なものは、使用済み電池のリサイクル比率を2025年までに65％、2030年までに70％とすること。そして、電池材料のリサイクル率をリチウムイ

図表1-3　欧州電池規制に盛り込まれた13の新措置案

1	電池の分類と定義について
	携帯型（portable）電池、自動車用電池、EV用電池ならびに産業用電池のすべての電池に適用する
2	EV用及び産業用電池の二次利用
	再活用（repurpose）のための枠組みを確立、使用済みEV用電池の定置型エネルギー貯蔵仕様の容易化
3	使用済み携帯型電池の分別回収率目標
	分別回収目標を現在の45%から25年に65%、30年に70%に強化
4	自動車用及び産業用電池の回収率
	回収努力義務、回収率は今後設定
5	リチウムイオン電池リサイクル効率の導入
	電池リサイクル効率（25年65%/30年70%） 材料リサイクル率：コバルト（30年90%/35年95%）、リチウム（35%/70%）、ニッケル・銅（90%/95%）
6	EV用及び産業用電池のカーボンフットプリント（CO_2排出量）の報告義務
	24年7月1日より、カーボンフットプリントの申告義務化 26年1月1日より、カーボンインテンシティ（CO_2排出原単位）性能クラス分類表示 27年7月1日より、カーボンフットプリントの最大許容量未満であることの技術文書の提出義務
7	充電式自動車用及び産業用電池の性能及び持続性
	持続可能性に関する情報、バッテリーの健康状態や予想寿命に関するデータの保存など
8	非充電式ポータブル電池の段階的規制
	一般的に使用されている非充電式の携帯型電池の使用を段階的に廃止
9	再生材の含有（二次リサイクル）原料の含有情報提供
	27年1月1日より、EV用及び産業用電池は、再生コバルト、鉛、リチウム、ニッケルの含有量を申告 30年1月1日より、リサイクル含有量の最低レベル設定（コバルト12%、鉛85%、リチウム4%、ニッケル4%） 35年1月1日より、最低レベル引き上げ（コバルト20%、リチウム10%、ニッケル12%）
10	EV用及び車載用電池に対する拡大製造業責任と製造責任組織の義務化と追加措置
	拡大生産者責任（EPR）と製造責任者組織（PRO）の明確化
11	携帯型電池の設計要求
	廃電池を容易に取り外せるように機器を設計することを義務づけ
12	情報提供
	電池を識別するために必要な情報と電池の主な特性を示したラベルの添付の義務づけ 共通の電子交換システム（バッテリーデータスペース）を確立、EU内の全電池モデルの情報を登録・一般公開 大型電池のトレーサビリティとその管理のためのメカニズムであるデジタル「電池パスポート」にリンク
13	EV用及び産業用電池の原材料調達におけるサプライチェーン全体のデューディリジェンス
	責任ある調達のデューディリジェンス（注意義務・努力）に関する公認機関を通じた第三者検証と報告

出所：欧州委員会の電池規則を基に筆者作成

オン電池で２０２５年よりコバルトで90%、リチウムで35%とし、２０３０年よりそれらをそれぞれ95%、70%に引き上げるというものである（新措置案５）。

再エネ活用と高いリサイクル率でライフサイクルでの脱炭素化を実現する

ノースボルトは「世界で最もグリーンでカーボンフットプリントを最小限に抑えた電池をつくり、リサイクルに野心的に取り組みながら、欧州の石油から再エネへの移行を実現させる」[注6]という使命を掲げている。この大きな使命の下に、ノースボルトは欧州が構築を目指すサーキュラー・エコノミーを主体にした事業戦略をとっているのが最大の特徴である。

「世界で最もグリーンな電池をつくる」というのは、ノースボルトが１００%再エネを使って電池のセルを製造し、２０３０年までに電池製造時のカーボンフットプリントを火力発電との比較で80%削減することを目指しているということである。国内自給率がおよそ75%とエネルギーの安定供給ができるスウェーデンの電源構成は、原子力が38%、水力が40%、風力が12%、その他再エネが7%となっており、化石燃料での発電はわずか2%である。[注7]ノースボルトがリチウムイオン電池のセル製造で必要となる、大量の供給電力の発電で発生するCO_2を低く抑えられるのは、スウェーデンにある豊富な再エネを活用できるからだ。

次にサーキュラー・エコノミーに関しては、ノースボルトは２０３０年までに電池セルのリサイクル率を97%、電池材料のリサイクル率を50%にするという目標を掲げている。欧州電池

図表1-4　ライフサイクルにおけるカーボンフットプリントの削減イメージ

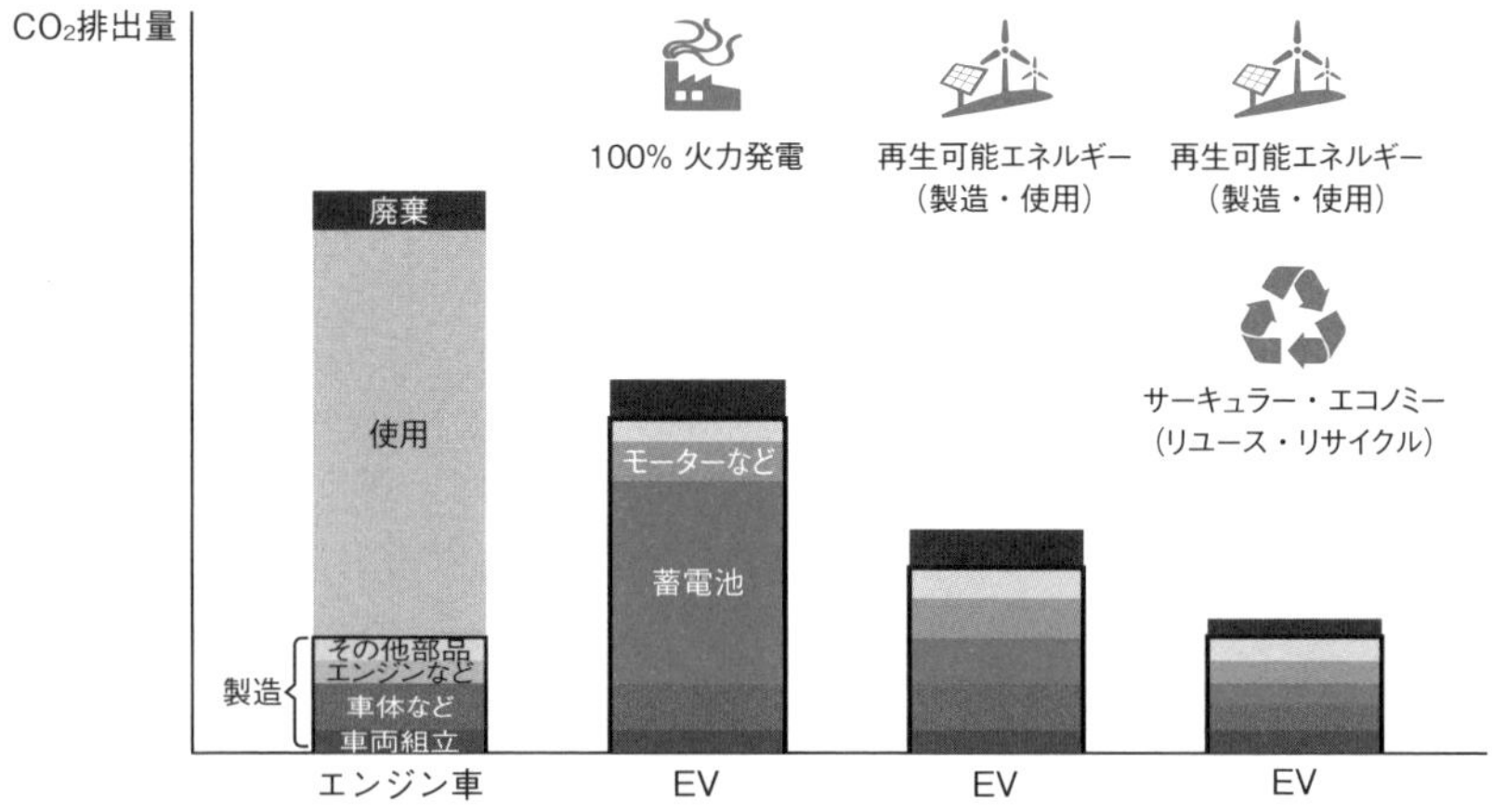

出所：筆者作成

規制が求める規制値と比較すると、コバルトのリサイクル率で改善余地があるものの、セルと材料のリサイクル率の目標値を設定しているのは世界的にノースボルトだけで、サーキュラー・エコノミー実現への自信の表れと言える。

一般的に、部材を含めたＥＶの製造時のＣＯ２排出量はエンジン車より多くなる（図表１－４）。これは、車載電池のセル製造時に膨大な量の電力を必要とするからである。しかし、その必要電力をカーボンフリーの再エネで賄い、その他部品の製造や車両組立でも再エネを活用した上で、部材を含めたリサイクル・リユースといったサーキュラー・エコノミーの構築も進めると、ＥＶの脱炭素化をライフサイクル全体でも実現することができるのである。

ノースボルトはＬＣＡの観点で脱炭素を実現し、ＥＶメーカーに環境価値をもたらすことを強みとしている。

欧州の「国策企業」

ノースボルトは欧州電池連盟（ＥＢＡ）のメンバーである。ＥＢＡは２０１７年に設立されたが、ノースボルトは前述の使命を同じ年に掲げた。ＥＣが策定した欧州電池規制の要求に沿った事業を展開するノースボルトは、ＥＩＢの融資もあって、欧州の「国策企業」だと言える。

車載電池のＬＣＡ対応力が、これからの電池メーカーの新たな付加価値となる。そして、それは欧州が車載電池を中心とした新たな経済圏を構築し、それに伴う雇用創出を実現するために、技術的強制型の電池規制をゲームチェンジャーとして仕掛けているのである。

「CATLインサイド」が進む　LCA対応力も強化

車載電池の主流であるリチウムイオン電池市場の世界シェアをみると、同市場は今や中国と韓国企業が牛耳っているといっても過言ではない（図表1-5）。大手企業だけを合わせても、中韓電池メーカーの世界シェアは7割を超えるからだ。そのうちトップ３企業は、ＬＧエナジーソリューションがポーランドに、サムスンＳＤＩはハンガリーにすでに進出しており、Ｃ

図表1-5　車載用リチウムイオン電池の世界シェア（容量ベース）

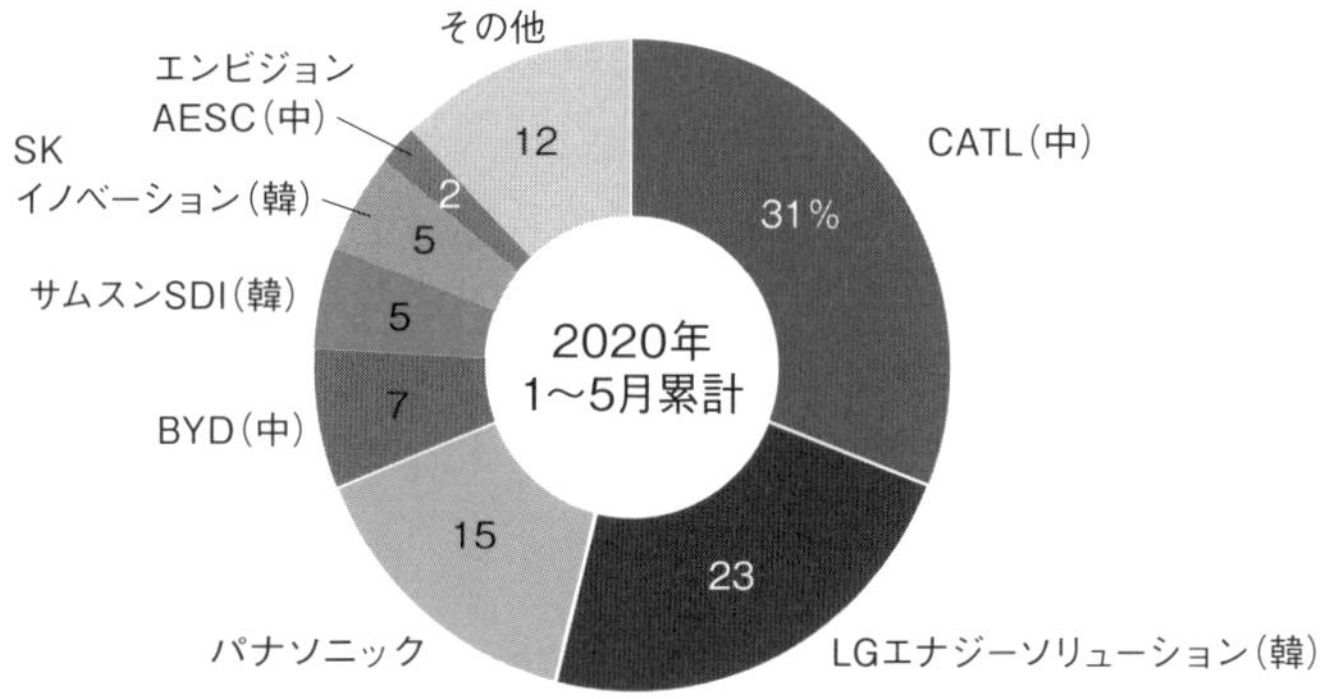

出所：SNE Research

ATLは2021年中に欧州に初進出し、ドイツ・テューリンゲン（Thüringen）で新工場の稼働を開始する。

欧州は雇用創出を目的として、域内における車載電池の生産能力の拡充を急いでいるが、ノースボルトのような新興メーカーをサポートするだけでなく、海外メーカーの積極誘致にも余念がない。そして、それら海外メーカーは欧州電池規制という新しいルールに応える形で着実に欧州でのビジネスを拡大させようとしている。

CATLは2018年7月に、ドイツ・テューリンゲン州政府とリチウムイオン電池の生産拠点と研究開発センターを同州エアフルト市（Erfurt）に設立することで同意した。同時にBMWはCATLと40億ユーロ分の電池セルの調達契約を結び、2

０１９年11月に長期確保を狙って73億ユーロに増額した。
そして、２０２０年8月にＣＡＴＬはメルセデス・ベンツとの戦略提携を強化し、車載電池のドイツでのカーボンニュートラル生産に合意したと発表した。具体的には、メルセデス・ベンツが２０２1年中に発売する高級セダンＥＶ「ＥＱＳ」向けを皮切りに、ＣＡＴＬのドイツ新工場で生産された電池セルモジュールを乗用車ＥＶで採用し始めるという大きなビジネスとなる。

この新ビジネスが決まった背景に、ＣＡＴＬの新工場が再エネを電池生産に利用することでカーボンニュートラルを追求することが評価されたことがある。また、ＣＡＴＬとメルセデス・ベンツはブロックチェーンを活用した合同プロジェクトに着手しており、将来的には透明性の高い電池のサプライチェーンのトレーサビリティを確立することで、使用済み電池のリサイクル強化を通じた脱炭素の推進と、電池材料であるコバルトなどの紛争鉱物への依存を大幅に削減することを目指している。

欧州のポリシーメーカーが求める技術革新を推進することで、ＣＡＴＬは初の海外進出となるドイツ新工場での新規契約を着実に増やしている。結果、トヨタやホンダとも提携するＣＡＴＬは、ステランティス含む欧州の大手自動車メーカー向けのビジネスを更に拡大する見通しである。インテルならぬ「ＣＡＴＬインサイド（ＣＡＴＬ入ってる）」がますます進みそうだ。

再エネを制するものがEVを制す

ＥＶのライフサイクルでのカーボンニュートラル実現においては、再エネの活用が鍵を握ることになる。自動車メーカーとしては、車載電池を内製し、その車載電池を含めたＥＶの製造において自社で発電した再エネを利用できれば理想的である。テスラがそれを一部の工場で進めているが、ＶＷも動き始めた。

ＶＷは２０２1年3月15日、２０３０年までに6カ所のＥＶ用電池工場を欧州に建設すると発表した。ＶＷはすでに２０１９年に電池の一部を自社生産する計画を公表しており、ドイツとスウェーデンで合計約40ＧＷｈの生産能力を持つ設備を建設中であるが、他の場所と合わせて生産能力を一気に6倍の２４０ＧＷｈに増やそうとしている。ノースボルトとの合弁工場を含むが、必要な電池の大半を自社生産で賄う方向である。

そして２０２1年4月29日、ＶＷは太陽光や風力などの再エネ発電事業に参画すると発表した。欧州の発電事業者の太陽光や風力の発電所建設プロジェクトに対して、２０２５年までに４０００万ユーロを投資する。ＶＷはすでに再エネ電力を使った充電サービスを顧客に提供しているが、すべての公共充電ステーションが再エネを使っているわけではないため、充電のための電気の脱炭素化に自らも関与することが目的である。

ＶＷは今後、ＥＶシフトと再エネへの投資に加え、工場やサプライチェーンでの脱炭素化も目指すとのことである。

3 脱エンジンの目的は自動車産業のＤＸ

これまでは、車載電池のＬＣＡや製造ライフサイクルでの再エネの利活用にフォーカスして、自動車メーカーや電池メーカーがポリシーメーカーのつくる新しいルールに対応しながら技術開発を競っていることを説明した。本節では、新車として売られた後のＥＶをベースに、ポリシーメーカーがどのような新しい経済圏を構築し、雇用を創出しようとしているのかについて取り上げる。

エネルギーとCO_2のデジタルツイン

エネルギーとCO_2は目に見えない。脱炭素時代のモビリティでは、これらをデジタルツイン（デジタルの双子）としてサイバー空間上で可視化し、それらがもたらす価値のインターネット（ＩｏＶ：Internet of Values）をスマートグリッドにおける仮想電力プラント（ＶＰＰ：Virtual Power Plant）の中で構築する動きが増える見通しである。ＶＰＰとは、再エネの発電や蓄電池、ＥＶや住宅設備などをまとめて管理し、地域の発電・蓄電・需要をあたかもひとつの発電所があるかのようにコントロールする、いわばエネルギーの地産地消を実現する仕組みである。

ＶＰＰにおけるＥＶはスマートグリッドのノード（末端）となるが、搭載されている車載電池には住宅や市中に設置された充電器を通じてエネルギーが蓄えられる。逆に、車載電池の余剰電力は、Ｖ２Ｈ（Vehicle-to-Home:車から住宅へ）やＶ２Ｉ（Vehicle-to-Infrastructure:車からインフラへ）などのいわゆるＶ２Ｇ（Vehicle-to-Grid:車から電力グリッドへ）で、住宅や電力グリッドに電力を供給することも技術的に可能となっている。

なお、ブロックチェーンを活用することで、車載電池と住宅・グリッドの間で、エネルギーとそのデータのＭ２Ｍ（Machine-to-Machine:機械同士）、そしてＰ２Ｐ（Peer-to-Peer:個人間）での取引を実現することができる。このようなＥＶとグリッド間でのスマートコントラクト（自律型契約）や自律型決済をベースとした新しい経済圏の構築において、世界で初めての標準規格を作成したＭＯＢＩは「ＥＶとグリッドの融合（ＥＶＧＩ：EV Grid Integration)」と呼んでいる。

「つながる電池」を中心にしたEVの新しい提供価値

車載電池はEVを中心としたエコシステム（生態系）をサイバー空間と現実世界との間でつなぐゲートウェイ（玄関）の役割を持つ（図表1－6）。サイバー空間では前述のとおり、EVに搭載された車載電池がVPPのノードとして価値のインターネットを構築する。現実世界での物理的なモノとしての車載電池は、住宅やグリッド設備とつながってモノのインターネット（IoT）を構成する。EV同様に車載電池も様々なシステムとつながっている、「コネクテッド・バッテリー（つながる電池）」として存在するのである。

車載電池を介して、サイバー空間と現実世界の間でデータを基にしたソリューションが編み出されるが、EVがユーザーにもたらす経験（UX：ユーザーエクスペリエンス）は人やモノを運ぶことだけでなく、生活における電力消費を効率化するエネルギー・マネジメントも含んでいる。そして、この2つのUXが交わるところに脱炭素があり、それは省エネの推進や再エネの利活用、サーキュラー・エコノミーの構築によりもたらされるものである。コネクテッド・バッテリーを中心としたEVは、輸送とエネルギー・マネジメントに加えて、脱炭素という新たな提供価値をもたらすものに進化するのである。

図表1-6　脱炭素という新たな提供価値を生む車載電池

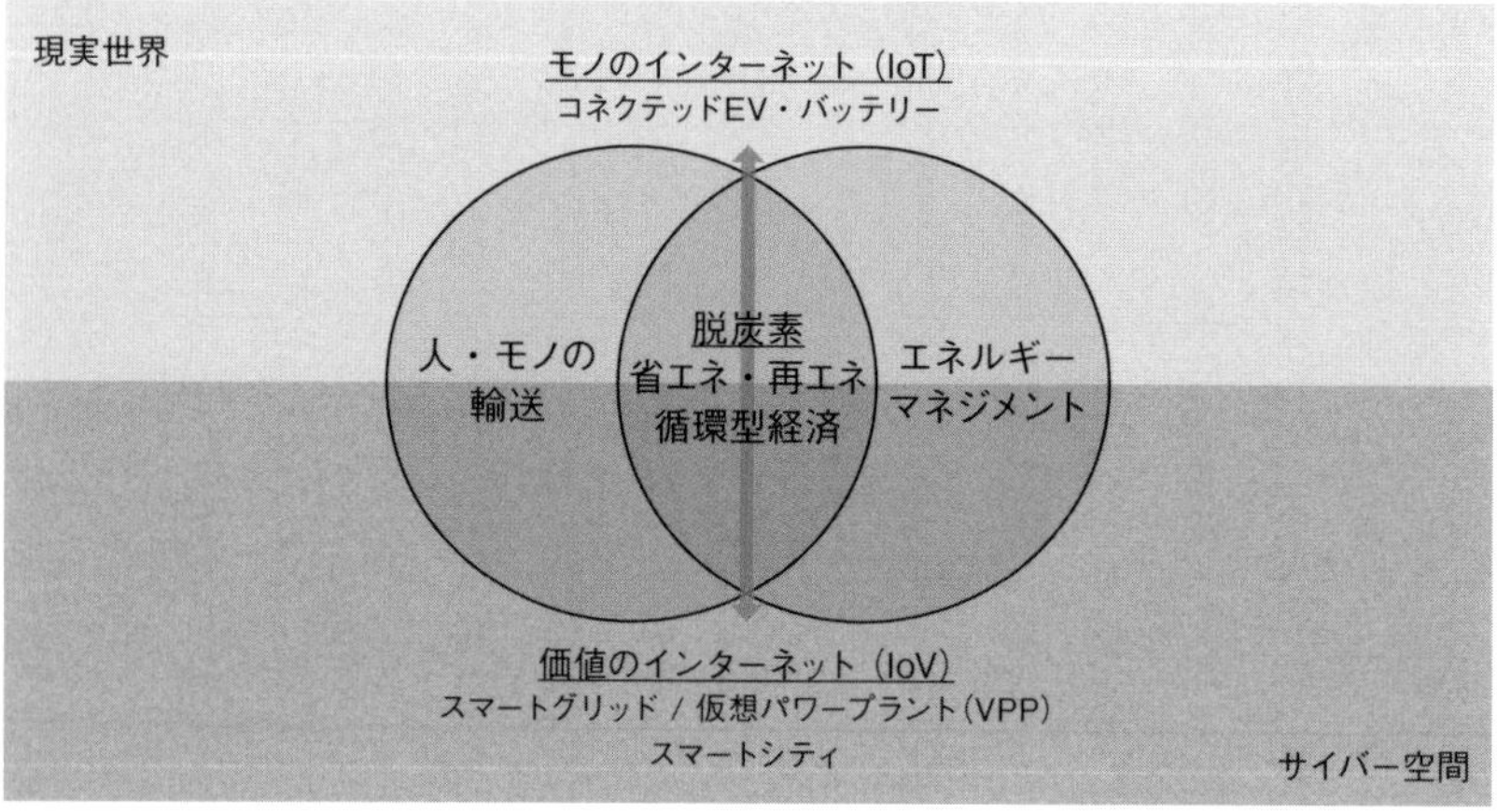

出所：筆者作成

価値のインターネット化と自動車産業のＤＸ

ポリシーメーカーが脱エンジンでＥＶを普及させようとしている目的は、現実世界で存在する車載電池や充電器、再エネの発電器と蓄電池を増産し、それらの整備・メンテナンスの需要も生み出して、関連雇用を創出することにある。そして、ここまでのサマリーになるが、車載電池を媒介にして、データ化・可視化されたエネルギーとCO_2の価値を創造し拡げていく。このサイバー空間における価値のインターネットを活用することで、ＥＶ社会における輸送及びエネルギーの効率化、そして脱炭素といったＵＸの最大化を実現していく。

ポリシーメーカーによる脱エンジンの目

的は、自動車産業のDXを推進することにある。

バイデン政権の「米国雇用計画」の柱となるEV化政策

「あまりに長い間、我々は気候危機に対応する上で最も重要な言葉を使ってこなかった。雇用。雇用だ。(中略)電気工事士である国際電気労働者友愛会(IBEW)の組合員たちは高速道路に50万基の充電ステーションを設置する。そうすることで、我々はEV市場を持つことができる。(中略)EVや電池の生産で、米国の労働者が世界の先頭に立てないわけがない」[注8]

バイデン大統領が2021年4月28日に議会演説で述べたことである。企業増税を財源にインフラや研究開発などに2兆ドル超を投じる「米国雇用計画(American Jobs Plan)」が、議会演説の前の3月31日にペンシルバニア州ピッツバーグで表明されたが、同計画では気候変動対策が大きな目玉となっている。交通インフラ整備での投資額6210億ドルのうち、1740億ドルがEV普及支援策に充てられている。具体的には、米国製EVを購入する消費者への税制上のインセンティブや、2030年までに全国に50万基の充電ステーションを設置するための州政府や民間企業への補助金が含まれる。また、これとは別に再エネの普及促進のための電力網の整備に1000億ドルを充てる。[注9]

EVと車載電池の国内生産能力を増強するだけでなく、充電ステーションやクリーンエネルギーの導入を加速し、自動車のEV化政策と発電のグリーン化政策をセットにしながら、新規雇用の創出を目指すのである。

GMとフォードが韓国電池メーカーとの大型投資計画を発表

バイデン政権が発足してから、米国では車載電池への投資が活発化している。図表1－5で示したように、世界レベルの車載電池メーカーが自国にない米国では、韓国系電池メーカーの誘致や米系自動車メーカーとの共同開発が加速する。

GMは「米国雇用計画」が発表されてから3週間後の4月16日、テネシー州に第2の車載電池工場を建設すると発表した。LGエナジーソリューションと合弁で約23億ドルを投資して、2023年からEV用リチウムイオン電池を生産する。生産能力は30GWhと標準的なEV60万台分に相当し、1300人を雇用する予定である。両社はオハイオ州にも同規模の第1工場を建設中である。

フォードも、GMの車載電池新工場の計画発表から1カ月後の5月20日、韓SKイノベーションと車載電池の合弁会社を設立すると発表した。建設地は未定だが、米国内にEVのピックアップトラック60万台分に相当する年間60GWhの生産能力を有した電池工場を建設し、2020年代半ばに生産を開始する。フォードは2月にも、2025年までにEVの開発と生産に220億ドルを投資する計画を発表している。また、SKイノベーションはこのフォードとの合弁とは別に、ジョージア州に単独で2つの電池工場を建設中であり、第1工場は2021

図表1-7　バイデン大統領とF-150

出所：Ford

年後半、第2工場は２０２３年の生産開始を計画している。年産能力は合計22ＧＷｈで、10ＧＷｈをフォードに、残りをＥＶ事業でフォードと提携するＶＷに振り向ける。

　フォードとＳＫイノベーションが合弁会社の設立を発表した2日前の5月18日、バイデン大統領はフォードのミシガン州ディアボーンにある「ルージュ（Rouge）」工場を視察した。現在、ルージュ工場ではフォードの最量販車種であるピックアップトラック「Ｆ－１５０」が生産されている。同工場は１９１８年に製鉄用の高炉まで敷設し、創立者ヘンリー・フォードが志向する垂直統合化を具現した巨大工場として生まれており、歴史的に大きな意味を持つ。なお、F－150は米国で最も売れる車で、2020年には米国内で90万台販売され、この1モデルだけの売上高はマクドナルドやナイキ、コカ・コーラ、ネットフリックスの年間売上高をも上回っている。

フォードは米国自動車を代表するこの工場で、最量販車種のEVである「F－150ライトニング（Lightning）」を発表した。バイデン大統領もこれを世界に大きくアピールした。

EVの多国籍ロビー団体も誕生

米国は車載電池を中心としたEVの新しい経済圏の構築と雇用創出を急いでいる。米系自動車メーカーに限らず、海外の電池メーカーや、国内外の新興EVメーカーがこの脱エンジンの波に乗ろうとしている。

バイデン政権誕生前の大統領選挙の最中であった2020年11月17日、テスラやルーシッド（Lucid Motors）、アマゾンが出資するリヴィアン（Rivian）といった新興EVメーカーや、ライドシェアのウーバー（Uber）など28社が集うロビー団体「ZETA（Zero Emission Transportation Association）」が発足した。ZETAは2030年までに新車販売を100％脱エンジン化させることを米政府に求めている。そして、2030年までの政策として、EV購入支援策の拡充や排ガス規制の厳格化、充電インフラへの投資を強化することなども要求している。

興味深いのは、同団体のメンバー企業には、英国など米国外の新興ＥＶメーカーや、独シーメンス（Siemens）、スイスＡＢＢ、パナソニックなどの海外企業も集まっていることである。また、米国最大規模のＥＶ用急速充電ネットワークの運営会社や、電力サプライヤーなども加わり、ＥＶや車載電池だけでなく、電力グリッドに関わる大手企業も参画している。

車載電池を中心としたＥＶの新しいエコシステムの構築を目指して、様々な領域からの企業が国内外から集まり、米国のＥＶ産業を盛り上げようという機運が高まっている。

デジタル戦略のひとつとしてのＥＶ化政策

欧州も自動車産業の脱炭素化を急いでいる。ＥＣは2021年7月14日、２０３５年にハイブリッド車を含むエンジン搭載車のＥＵ域内での新車販売を事実上禁止する規制案を発表した。そして、欧州においてもＥＶ化の目的は雇用創出にある。ＥＣのウルズラ・フォン・デア・ライエン委員長は、２０２０年9月の就任後初めての一般教書演説にて、２０５０年の気候中立達成に向けた取り組みが数百万人の新規雇用を生むと訴えた。[注10]

欧州では、ＥＶ化政策をデジタル戦略のひとつとして捉えられていることが特徴的である。ＥＵには域内の研究及びイノベーションを補助金で支援する「ホライゾン・ヨーロッパ(Horizon Europe)」という、２０2１年から２０２7年まで7年間にわたる約９５０億ユーロの巨大なプロジェクトがある。このホライゾン・ヨーロッパには、新型コロナウイルスのパンデミックからの復興を後押しし、将来に向けてEUを強くするための基金である「次世代のEU（NextGenerationEU）」を含んでいる。そして、この「次世代のEU」には、米中より遅れている欧州のクラウドネットワークの構築がテーマのひとつに掲げられており、ドイツ政府が発案しEUも賛同するガイアX（GAIA－X）といったクラウドコンソーシアムなどを軸に、次世代交通インフラの研究開発及び社会実装に向けた実証実験が行われている。

ブロックチェーンを活用したMOBIの新プロジェクト

MOBIはメンバーであるECなどのポリシーメーカーとの情報・意見交換を重ねて、2021年7月に「ドライブス（DRIVES）」という名のプロジェクトを立ち上げた。ドライブスはMOBIが作成したブロックチェーンの標準規格をベースにして、ECも加わるデータ共有プラットフォームを活用しながら、様々なユースケース（活用事例）におけるモビリティサービスをデザインし、共同実証実験を行うための開発環境を提供するものである。

このプロジェクトの狙いは、人と車、そしてその車に搭載された車載電池のデジタルツインをブロックチェーン上で管理することで、EVを中心にした再エネを含むスマートグリッドの効率運用やスマートシティの構築を実現するものである。

デジタルIDとブロックチェーンを活用して人のデジタルツインをサイバー空間上で創造することにより行政サービスを効率化させる取り組みは、デンマークやエストニアではすでに始まっている。ＭＯＢＩが世界で初めて作成した車両ＩＤ（ＶＩＤ）やサプライチェーン（部品のトレーサビリティ）などの標準規格をベースにして、車と車載電池のデジタルＩＤを個人デジタルＩＤに紐付けることで、人とＥＶのデジタルツインをサイバー空間上で管理することが可能になる。

これらデジタルツインを分散型アプリケーション（Ｄａｐｐｓ：ダップス）としてのスマートフォンのアプリ上で管理し、地図アプリと連携させる。それによって、車載電池の残存エネルギー量の多寡を基にして、近場にある再エネ充電可能な充電ポイントを検索し、充電時にはスマートコントラクトと自律決済を実行する（図表１－８）。将来的には、Ｖ２Ｘ技術と組み合わせることで、夜間にＥＶとグリッド間でのＭ２ＭによるＰ２Ｐ電力取引を実行することもできる。

車載電池のサーキュラー・エコノミー構築と「電池パスポート」の発行

ドライブスでは他にも数多くのユースケースを実践していくが、そのうちのひとつに車載電池のデジタルツインの活用がある。このユースケースがもたらすであろう効果は２つ挙げられる。ひとつは車載電池のサーキュラー・エコノミーの構築が促進されることである。車載電池のデジタルＩＤの管理は、前述した欧州電池規制の新措置案12（図表１－３）で盛り込まれた「電池パスポート（Battery Passport）」を実現するひとつの手法であり、電池ＩＤ（Battery

ID）が電池のデジタルツインを創造する。新型コロナウイルスのワクチン接種のデジタル証明書を発行するのと同じ発想で、車載電池の充電状態（ＳＯＣ：State of Charge）や劣化状態（ＳＯＨ：State of Health）といった、電池の健康状態を表すデータをバッテリー管理システム（ＢＭＳ：Battery Monitoring System）を介して収集し管理する。ブロックチェーンにより高い信頼性と透明性を担保した車載電池の劣化診断データを活用することで、使用済み車載電池の価値の査定精度を向上させることができる。すなわち、使用済み電池の劣化状況を正確に反映させて、品質に見合った再販売価格を設定することができる。再販売価格は既存のシステムで設定された価格を概ね上回るため、電池の回収業者が二次市場に再販売しやすくなり、車載電池のサーキュラー・エコノミーの構築が促進されるのである。

２つめの効果は、車載電池に蓄えられたカーボンフリーの再エネと、それに紐付いたカーボンフットプリントの削減努力を裏付けとするカーボンクレジットという富をデータとして分散管理できるようになることである。再エネの利用や省エネの促進によって獲得できるカーボンクレジットを、車載電池とグリッドのノードとの間でＰ２Ｐ取引できるようにする。脱炭素化の努力を証明するカーボンクレジットに、「ご褒美をあげる」という意味のトークンという仕組みを加える。いわゆるトークン化されたカーボンクレジット（ＴＣＣ：Tokenized Carbon Credit）を、ＥＶの利用者にデータ提供への報酬として還元できるような仕組みを実現することで、企業だけでなく消費者にも脱炭素に向けた行動変容を促すインセンティブを

図表1-8　MOBI「ドライブス」で使われる分散型アプリケーション

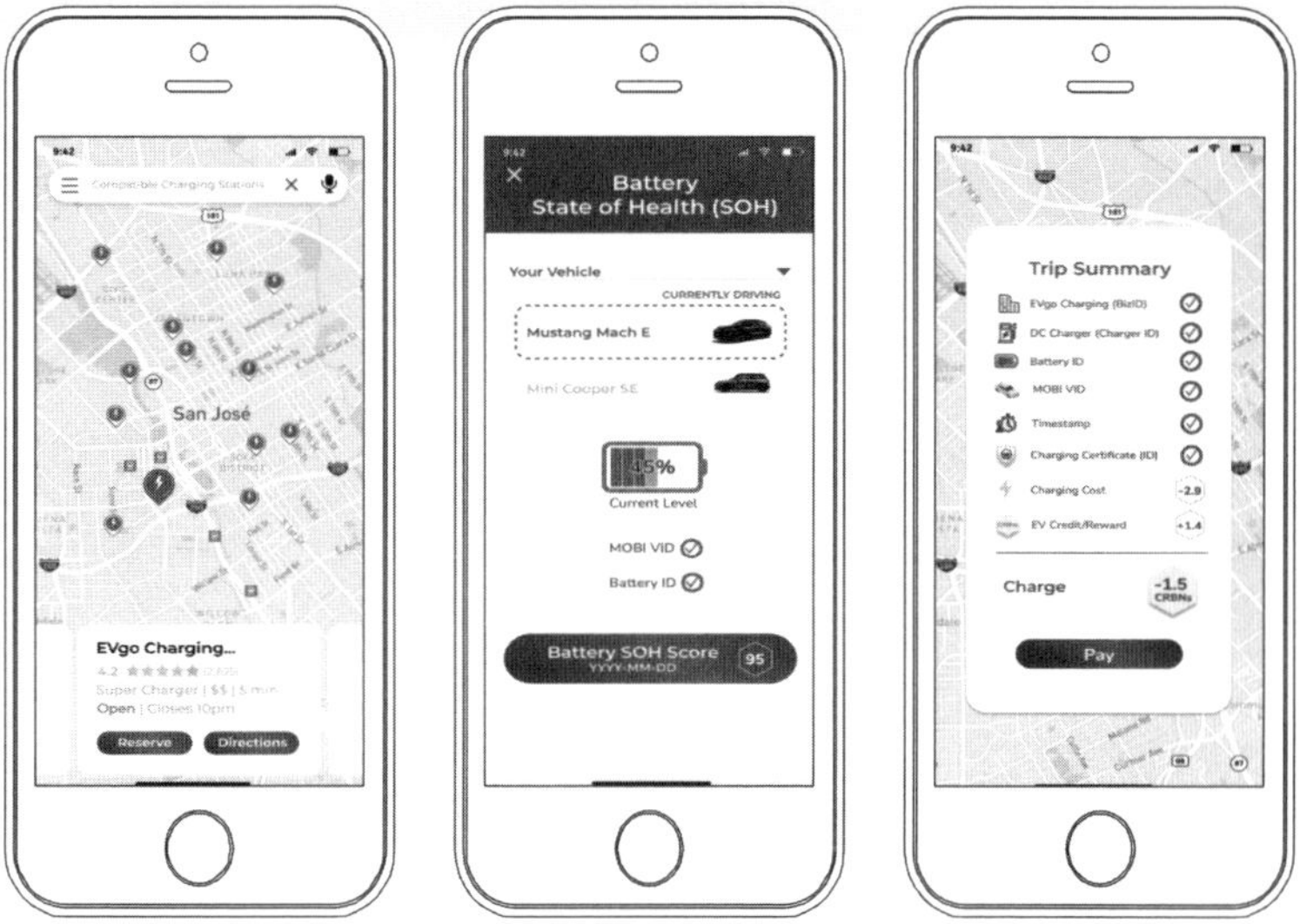

出所:MOBI

設計することが可能となる。結果として、脱炭素行動がもたらす富を地域住民含めた社会全体で創造し、分散共有することができるようになる。

　車載電池が媒介するエネルギーとカーボンフットプリントのデータを活用し、ブロックチェーンによる富の分散機能を発揮することで、ＥＶを中心とした新たな経済圏と雇用を生み出そうと、ＥＣのようなポリシーメーカーやＭＯＢＩはアプリケーションの開発に注力している。

走行税実現に向けた革新的な通行料収受システムの開発へ

ＥＣはＭＯＢＩが作成したＶＩＤ

規格の活用に興味があって、2021年3月にMOBIに加盟した。MOBIのサプライチェーン規格を利用した車載電池のトレーサビリティ構築により、電子パスポートの作成に役立てようとしていることもあるが、その他にECが模索しているユースケースに、VID規格を活用した革新的な通行料収受システムの開発がある。[注11]

ECを含む世界のポリシーメーカーは、交通インフラ財政の悪化を食い止めたいと考えている。交通事故や渋滞の軽減を目的とした、インフラ投資のための道路財源が減少している。その背景には、EV化に伴うガソリン税収の減少がある。そのため、自動車の社会的費用を下げながら距離に応じた利用料を徴収するため、ブロックチェーン等のデジタル技術を活用した走行税の実現に向けた議論や取り組みが海外では活発化している。

MOBIが開発した分散型アプリでは、「信頼のおけるトリップ（Trusted Trip）」を記録・管理する。ここでいう「トリップ（旅行）」とは、人、スマホ、EV搭載の車載電池といった移動体がある場所から別の場所に動くことを意味する。このトリップは消費者、データプロバイダー及びインフラの所有者にとって、MaaS（サービスとしてのモビリティ）を収益化させるための情報の基本単位となる。EVによるトリップが従量課金型の支払いシステムに対応するためには、データのトランザクション（取引）がすべての関係者から信頼されている必要がある。MOBIは「信頼のおけるトリップ」を、その属性が分散共有型ネットワークの中で承認されたエンティティ（存在）やデバイスによって検証・証明・認定されたものと定義している。「信頼のおけるトリップ」は人、ビジネス、車両、電池などのアイデンティティ（固有性）とユバイエティ（空間と時間におけるユニークな位置：Ubiety）を組み合わせて、スマートモビリティの持続可能性を向上させる様々なアプリケーションを可能にする。

平たく言うと、ＭＯＢＩの分散型アプリを発展させると、走ったところで走った分だけ道路利用料が徴収させる仕組みを構築することができる。すなわち、走行税を実現することが可能になるのである。ＥＣなどのポリシーメーカーがＭＯＢＩに加盟する理由のひとつは、走行税実現に向けた取り組みに参加したいからである。

スマートシティの構築――脱炭素とＳＤＧｓの達成

ブロックチェーンを基盤とするスマートシティの構築は世界的潮流となりつつある。前述の欧州もそうだが、シンガポールや中国ではすでにその取り組みを進めている。

人や車、インフラ、カネ、エネルギー、CO_2のデジタルツインをサイバー空間上に集めたものがスマートシティである（図表1－9）。国や自治体はこれらのデジタルツインを駆使することで、都市化に伴う数多くの課題を抱える既存のシティ（街）をスマートにすることができる。なお、都市化とは地方から都市に人口が集中することを意味するが、交通渋滞や大気汚染といった公害が都市化によってもたらされる課題として挙げられる。

人のデジタルツインはデンマークやエストニアなどでの個人デジタルＩＤで実現している

図表1-9　街をスマートにするデジタルツインの集合体がスマートシティ

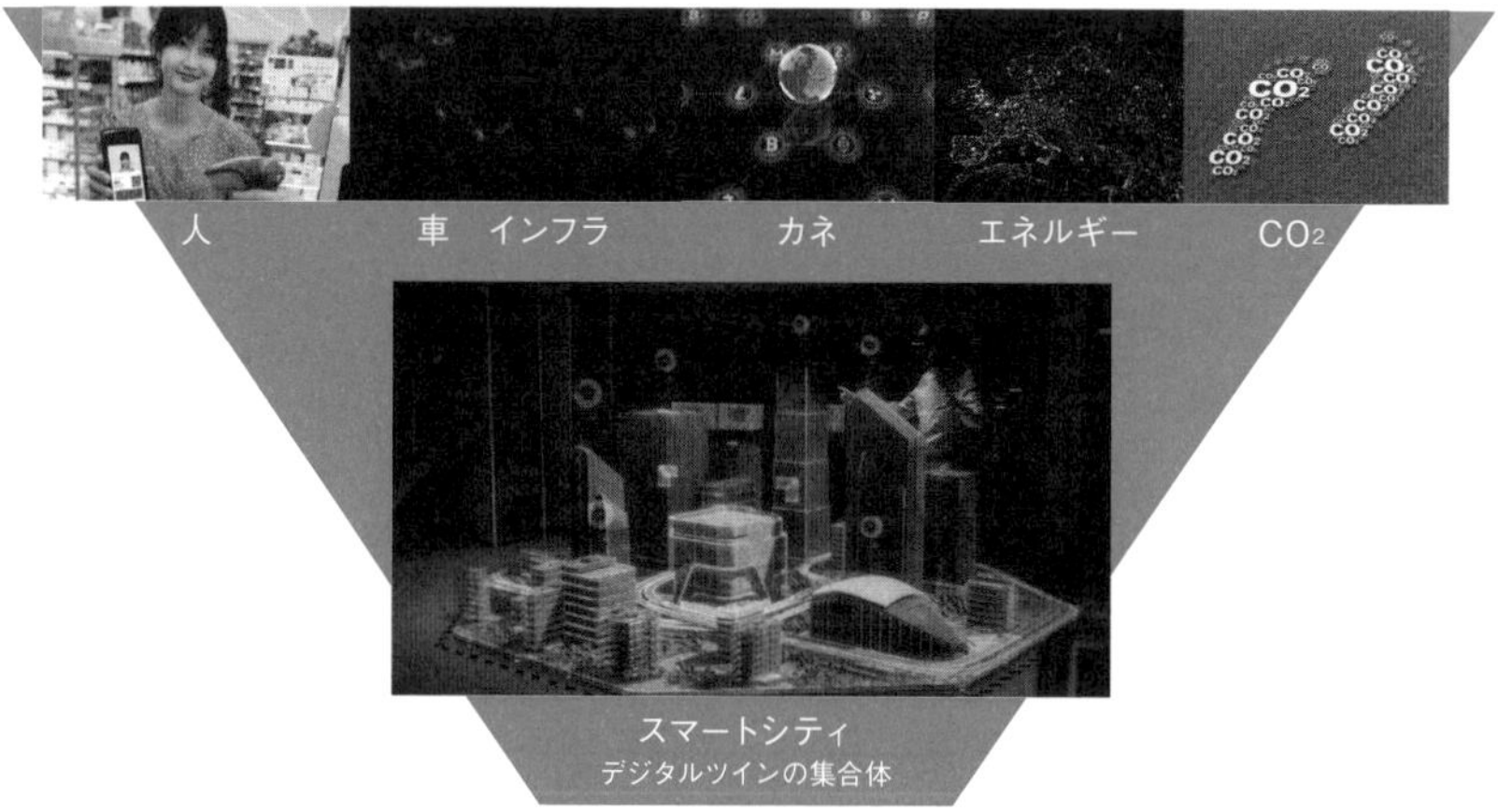

出所：筆者作成。画像はSKT、MOBI、NASA、アフロ

が、韓国でもブロックチェーン上でマイナンバーカードとデジタル運転免許証を紐付けてアプリで管理することが可能になっている。このアプリを利用することで、コンビニでお酒を買う際の年齢確認や身分証明が必要な各種行政サービスを受ける際に、物理的な免許証やパスポートを提示する必要がなくなった。

車のデジタルIDはMOBIがその標準規格を作成している。個人デジタルIDと紐付けると、MaaSでの身分証明や運賃の支払いがスムースになる。

中国のデジタル人民元のように、お金のデジタルツインもこれから数多く生まれてくる。

そして、車載電池や電力グリッドのノードの間で取引されるエネルギーやカーボンフットプリントも、トレーサブル（履歴追跡可能）なデジタルツインとしてサイバー空間上で表現することができる。

これらのデジタルツインを集合体として集めることで街そのもののデジタルツインをつくることができる。街のデジタルツインに集う様々なデジタルツインはお互いに自律的にデータ取引をしながら、効率的なカーボンフットプリントの削減や社会包摂（インクルージョン）の向上を実現する。脱炭素やＳＤＧｓを達成するため、デジタルツインを活用して既存のシティをスマートにすることでスマートシティを実現するという考え方が拡がりつつある。

第2章

カーボンプライシング、脱炭素を通貨に変える錬金術

脱炭素の国際潮流が加速する中、「カーボンプライシング」という言葉を新聞やメディアでも頻繁に見聞きするようになった。特に2021年1月にバイデン政権が誕生し、2050年の温室効果ガス排出量実質ゼロ（ネットゼロ）に向けた主要各国の足並みが揃う中で、日本でもカーボンプライシングの導入に向けた議論が活発化し、報道されることが増えてきている。菅内閣総理大臣も1月18日に行った施政方針演説で、「成長につながるカーボンプライシングに取り組んでいく」と述べ、2月には経済産業省と環境省にて具体的な導入議論が始まった。

カーボンプライシングによる環境対策と経済成長の両立において、最も貢献が期待されるのは自動車産業である。なぜなら、日本のCO_2排出量のうち約2割は運輸部門が占めており、車両の組み立てや部材の製造段階における排出量も含めると、カーボンニュートラルの実現に向けて最も脱炭素化が必要なのが自動車産業だからである。日本のみならず海外の主要国・地域でも同様のことが言える。

脱炭素時代においては、EV化だけでなく、カーボンプライシングも理解することが自動車・モビリティビジネスで生き残るための近道となると言っても過言ではない。

本章では、カーボンプライシングの概要及びポイントについて説明する。

1 外部不経済の内部化と脱炭素へのインセンティブ

カーボンプライシング（Carbon Pricing）とは、その名の通り炭素（Carbon）に値付けをすること（Pricing）である。なぜそのようなことをする必要があるのか。目的は主に2つある。

第一に外部性の内部化がある。CO_2の過剰排出に起因する地球温暖化は、氷河の融解に伴う海面上昇、砂漠化の進行、異常気象など外部不経済をもたらす。外部性とは、ある経済主体が財・サービスを生産・消費する行為が他の経済主体の効用や利潤に影響を与え、影響を及ぼす主体がその対価を払わなかったり受け取れなかったりすることを言う。地球温暖化のように第三者に損害を与える時は負の外部性、または外部不経済という。カーボンプライシングはCO_2排出に「価格」を付すことによりコストを可視化させる。そして、事業者や消費者が炭素の「価格」をみてCO_2排出を削減する行動を選択するという形で外部不経済は内部化され、環境が改善する。環境を汚染した者がその環境汚染に伴う社会的費用を負担するということから、汚染者負担の原則（PPP：Polluter Pays Principle）とも言う。

第二の目的は、脱炭素のインセンティブ・デザイン（設計）である。CO_2を排出する事業者は、カーボンプライシングの実施に伴う金銭的負担を減らすために、CO_2の排出を減らすことや吸収するための努力や工夫をする。省エネに関する技術革新や設備の導入、森林保全、製品や部材のリサイクルやリユースといったサーキュラー・エコノミーの構築、再エネの開発や採用等が挙げられる。このような産業や企業の経済活動の改善や高度化につなげるため、カーボンプライシングを実施するのである。

排出削減と経済成長を両立させるための「二重の配当」

政府によるカーボンプライシングは、CO_2に価格をつけて市場メカニズムを使いながら効率よく排出削減を行う政策である。しかし、単に効率的にCO_2を削減するだけではなく、その収入を上手く活用することによって経済成長を促すことも可能である。「二重の配当」と言うが、CO_2排出に炭素税を課すことで環境改善を実現し（第1の配当）、その税収によって脱炭素に貢献した事業者の労働や資本に対する課税を引き下げて、経済成長を促す（第2の配当）というものである。

カーボンプライシングは化石燃料の使用削減を通じて経済活動を抑制することになるが、政府はその収入を脱炭素に向けた投資における費用負担に充てることで、成長に資するカーボンプライシングを実現することが可能となる。カーボンプライシングによる財源の使途は、企業の地球温暖化対策における投資に充てられることが多くなっている。

なお、カーボンプライシングの拡大により、とりわけ炭素税（後述）の導入が一般消費者の生活コストの増加に繋がり、貧困層に経済的ダメージをもたらすということを懸念する声が欧州では多く聞かれる。特に2018年に燃料価格高騰に端を発したフランスの「黄色いベスト運動（Le Mouvement des Gilets jaunes）」を引き合いに出し、ガソリンやディーゼルに頼らざるを得ない社会的弱者や貧困層から強い反発を起こすのではないかと指摘する。LSEの研究では、[注1]ポリシーメーカーは時間をかけて炭素税を導入することや、炭素税収を低所得者の負担軽減のために再配分し、社会保障負担を軽減させることで解決できるとしている。

カーボンプライシングの分類

カーボンプライシングには様々な手法がある（図表2－1）。まず、政府や国際機関によるものか、民間セクターにおけるカーボンプライシングに大別することができる。前者においては更に、企業のCO_2排出量に応じて価格付けされる「明示的なカーボンプライシング」と、エネルギー消費量に応じた課税や排出削減コストの負担をかける「暗示的なカーボンプライシング」の2つに分けられる。

昨今、グローバルで本格導入の議論が活発化しているのが明示的なカーボンプライシングであり、炭素税（CT：Carbon Tax）、排出量取引制度（ETS：Emission Trading

図表2-1　カーボンプライシングの分類

出所：筆者作成

Scheme）、国境炭素税（ＣＢＴ：Carbon Border Tax）が挙げられる。なお、国境炭素税は欧州では炭素国境調整措置（ＣＢＡＭ：Carbon Border Adjustment Mechanism）と呼ばれている。これらのカーボンプライシングの収入は、地球温暖化対策への投資活動を行う企業への減税優遇措置や、欧州ではコロナ復興基金へ充当するといったように、その財源使途が限定されていることが特徴的である。

　暗示的なカーボンプライシングには、日本における石油石炭税や揮発油税といったエネルギー諸税に加え、省エネ法（エネルギー使用の合理化等に関する法律）や高度化法（エネルギー供給構造高度化法）といった一般企業やエネルギー供給事業者に対して、化石燃料の有効活用を促進させるための規制を遵守させることでコストを負担させるという方法がある。また、CO_2排出削減量や吸収量を排出権（クレジット）として国が認証する日本のＪ‐クレジットや、国連が認証するクリーン開発メカニズム（ＣＤＭ：Clean Development Mechanism）といったクレジット制度もある。

民間セクターによるクレジット取引もあり、これはボランタリークレジットと言い、ＶＥＲ（Voluntary Emission Reduction または Verified Emission Reduction）とも呼ばれる。ボランタリークレジットは非政府組織（ＮＧＯ）等の第三者機関によって管理された、民間主導のメカニズムの下で創出される新たなカーボンクレジットである。同メカニズムにおけるクレジットは企業が自発的に排出削減を行う中で今後その活用が増えてくる見通しである。ボランタリークレジットには、ＶＣＳ（Verified Carbon Standard）、ＣＣＢ（Climate, Community and Biodiversity Standards）、ゴールドスタンダード（Gold Standard）などの国際プログラム（ブランド）がある。

最後に、民間企業での自主的なカーボンプライシングとして、インターナル・カーボン・プライシング（ＩＣＰ）がある。ＩＣＰとは、組織が独自に自社の炭素排出量に価格を付け、何らかの金銭価値を付与することで、意図的に低炭素へと企業行動の変容を促す仕組みである。具体的な活用方法としては、①将来導入が想定されるカーボンプライシングによるコストを可視化する（気候変動リスクの見える化）、②設定した炭素価格を投資判断の指標として導入する（低炭素投資の推進）、③社内各部署でCO_2排出量に応じて課金して、回収資金を脱炭素投資に充当する（脱炭素投資ファンド）などがある。昨今、ＩＣＰを導入する企業は増えてきている。

自動車関連企業においては、炭素税、排出量取引制度とボランタリークレジットといった排出権取引、国境炭素税の動向を注視する必要がある。それぞれについて次節で説明する。

2 目に見えないCO$_2$の削減努力をマネタイズする

炭素税は低炭素燃料の利用へと行動変容を促す仕組み

炭素税は、環境破壊や資源の枯渇に対処する取り組みを促す環境税の一種である。石炭、石油、天然ガスなどの化石燃料に、炭素の含有量に応じた税金をかけることで、化石燃料やそれを利用した製品の生産コストや販売価格を引き上げることで需要を抑制する。結果として、Ｃ

図表2-2　炭素税

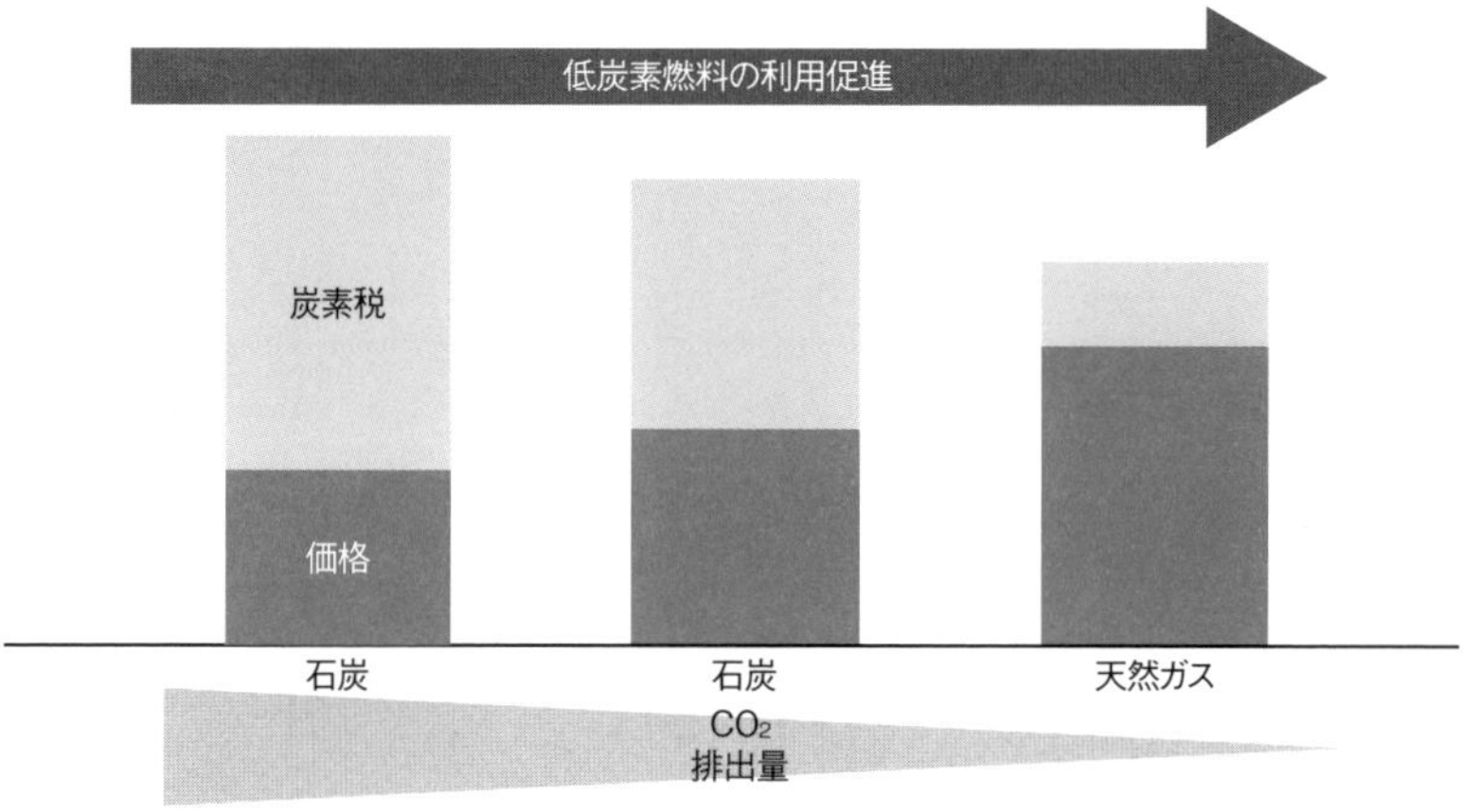

出所：筆者作成

O_2排出量を抑える経済的な政策手段である。なお、化石燃料の購入価格と炭素税を合わせた利用者のコストを、炭素含有量が多い石炭において大きくし、より炭素含有量が小さい石油や天然ガスへと順に小さくなるよう炭素税を設定することで、利用者が低炭素燃料の使用を選好するといった行動変容を促すこともできる（図表2－2）。

「カーボンプライシング＝炭素税＋排出量取引制度」が一般的

炭素税と排出量取引制度を合わせてカーボンプライシングと呼ぶのが一般的である。伝統的には、政府がCO_2の価格を調整する「価格アプローチ」をとるのが炭素税であり、CO_2の排出量を調整する「数量アプローチ」で対処するのが排出量取引制度である。

CO_2排出量が比較的大きい産業分野に対しては排出量取引制度を、それ以外には炭素税を適用するなど両制度を相互補完的に採用する国が多い。

自動車関連企業は特に排出量取引制度の国際動向に注意する必要がある。

排出権は排出枠とクレジットの2つに分類される

排出権取引とは、CO_2の排出権（カーボンクレジット）を金融資産として売買することを目的とした市場取引を指す。カーボンクレジットは世界各国の経済状況や気候変動枠組条約締約国会議（COP）の決定等により価格が変動する。

排出権は主に2つに分類される。ひとつは「排出枠」や「アローワンス（Allowance）」と呼ばれる、キャップ・アンド・トレード方式（CAT：Cap-and-trade）で流通している排出権である。もうひとつは、「クレジット」と呼ばれる、ベースライン・アンド・クレジット方式（BAC：Baseline-and-credit）でCO_2排出削減プロジェクトから得られる排出権である。

図表2-3　排出量取引制度（ETS）はCO_2削減努力を売り買いする仕組み

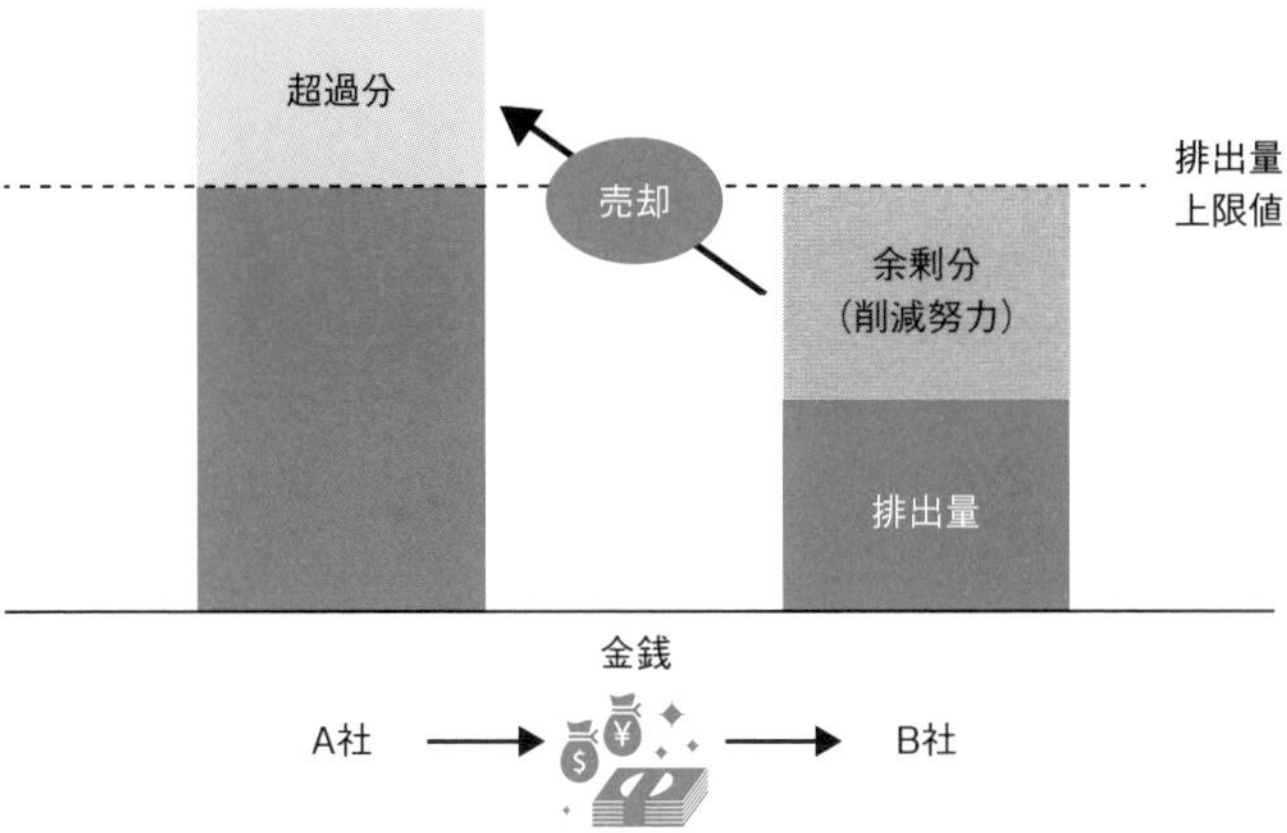

出所：筆者作成

排出量取引制度は政府主導のクレジット取引市場

政府によるカーボンプライシングにおいて、CO_2排出量に応じた価格付けである排出量取引制度（ＥＴＳ：Emission Trading Scheme）はＣＡＴに該当する。ＣＡＴとは、各企業あるいは事業所単位で１年間に排出できるCO_2に上限値（キャップ）が設けられ、それを達成できない場合は罰金等の罰則が科せられる。補完的な仕組みとして、上限値までCO_2を減らすことができない企業は他の企業から排出権を買って、自社の上限値を引き上げる事ができるという仕組みである（図表２－３）。

世界各地でETSが立ち上がっている

ＥＴＳについては、２００５年にＥＵで開始されたＥＵ域内排出量取引制度（ＥＵ－ＥＴＳ）をはじめ、各国（韓国、スイス等）や州・地方自治体（加ケベック州、米カリフォルニア州等）単位で運営されている。

欧州では２０１９年12月に発表された「欧州グリーンディール」において、ＥＵ－ＥＴＳの海運、陸運、建築部門への対象拡充が提案された。そして、２０２１年7月に、海運部門については２０２３年からの段階適用が始まり、２０２６年に全面的用途とする方針が定められた。陸運と建築部門については、２０２６年にＥＴＳが新設される見通しとなった。英国ではＥＵ離脱を受けて、２０２１年1月に英国排出量取引制度（ＵＫ－ＥＴＳ）が創設され、ＥＵ－ＥＴＳよりも5％厳しい排出枠で運用が行われている。ドイツでもＥＵ－ＥＴＳを補完するかたちで建築と運輸部門のＥＴＳが２０２１年1月に立ち上がった。

米国では連邦レベルの制度は存在しないものの、カリフォルニア州におけるＥＴＳや北東部州における電力部門を対象とした「北東部州地域ＧＨＧ削減イニシアティブ（ＲＧＧＩ：The Regional Greenhouse Gas Initiative）」など、州レベルの制度が存在する。加えて、２０２２年には北東部州、中部大西洋岸州及びワシントンＤＣにおける運輸部門を対象とした「輸送気候イニシアティブ（ＴＣＩ：Transportation and Climate Initiative）」が設立される予定となっている。

アジアにおいて特筆すべきは、中国が２０２１年2月から全国版制度の運用を始めたことである。中国は２０１３年以降、北京市や深圳市など地方政府がＥＴＳをパイロット事業として立ち上げ、試験的に展開してきたが、今回の全国版の導入により、ＥＵ－ＥＴＳを抜いて世界最大規模のＥＴＳ市場が生まれる見通しである。当面は発電部門のみが対象となるが、今後は排出量の多い他の産業部門（鉄鋼、セメント業等）も対象に入れる公算が高い。その他、インドネシアやタイ、ベトナム等においてもＥＴＳ市場の立ち上げが検討されるなど、アジア各国でもＥＴＳの導入機運が高まっている。

ボランタリークレジットへの関心も高まっている

排出権のひとつであるベースライン・アンド・クレジット方式によるクレジットは、ＥＴＳのようにCO_2の排出量上限の遵守義務（キャップ）は存在しない一方、CO_2排出削減プロジェクトが実施されなかった場合を基準（ベースライン）とし、そのプロジェクトの実施により削減されたCO_2排出量を国際機関や民間団体が認証するものである。

そのようなクレジットは世界銀行の分類によると、[注2] ①国際的クレジットメカニズム(International Crediting Mechanisms)、②地域、国家、準国家的クレジットメカニズム(Regional, National and Subnational Crediting Mechanisms)、③独立クレジットメカニズム（Independent Crediting Mechanisms）の3つに分けられる。ただし、例えばEU－ETSにおいては一部国際クレジットも使用可能であるなど、ポリシーメーカーの意思によって既存の炭素税やETSに紐付けられる可能性もあり、制度の全体像を把握しておく必要がある。

①は国際機関によって管理されたメカニズムであり、例えば京都議定書に紐付いたクリーン開発メカニズム（CDM）によるクレジットは、これまで発行された総クレジットの半数以上を占めている。2019年のクレジット価格は、流通しているクレジットの中では最安の部類だが、パリ協定下での扱いが定まっておらず、また発行年が古いクレジットは現在の基準と比較して認証基準が緩いため問題視されることも多い。パリ協定においては中央集権的な市場メカニズムの実施が規定されており、2020年以前に発行されたCDMによるクレジットの扱いを含めCOP26で議論される予定である。

②は国や地方政府によって管理されたメカニズムであり、当該メカニズムにおけるクレジットは各国規制やパリ協定での「自国が決定する貢献（NDC：Nationally Determined Contribution）」の達成への活用が見込まれる。日本であれば、政府が認証する途上国との二国間クレジット制度（JCM：Joint Crediting Mechanism）や国内制度のJ-クレジットなどが該当するが、発行量は①や③に比べると僅少である。

③はNGOやNPO等の第三者機関によって管理された民間主導のメカニズムであり、当該

メカニズムにおけるクレジットが前述のボランタリークレジット（ＶＥＲ）に当たる。企業が自主的な排出量削減を行う中での活用が想定される。近年は企業のCO_2削減目標の宣言が相次ぐ中、ＣＤＭの見通しが立ちにくいこともあり、排出量を相殺（オフセット）する「オフセット・クレジット」として関心が高まっている。ボランタリークレジットは２０１９年には発行クレジットの約65％を占めており、パリ協定が採択された２０１５年対比で発行量は約４倍にまで増えた。なかでも、非営利団体ヴェラ（Verra）が認証するＶＣＳ（Verified Carbon Standard）の単年発行量は２０１９年に初めてＣＤＭを上回り、世界最大のクレジット制度となっている。

ボランタリークレジットを創出するプロジェクト（方法）には、森林開発や農地保全、再エネの利用、廃棄物処理における化石燃料利用の削減、工業プロセスにおけるＧＨＧ低排出設備の導入などがある。

3 国境炭素税——脱炭素時代の雇用獲得競争

国境炭素税は排出規制が緩い国からの輸入品にかける「グリーン関税」

輸入品に対するカーボンプライシングが国境炭素税である。排出規制が不十分な国から輸入する製品について、CO_2排出量が多い場合は価格を上乗せする（図表2－4）。一種の関税をかけるように調整して自国製品の優位性を保ち、国内企業が脱炭素化に伴うコストが安い国へ工場を移転することを防ぐ狙いもある。

欧州が積極的に動いている

国境炭素税の導入に向けて積極的に動いているのがEUである。EUでは、炭素国境調整措置（CBAM）と称して導入に向けた協議が進んでいるが、本措置は「欧州グリーンディール」の看板政策の位置づけである。

2021年7月14日、ECは2030年の温室効果ガス削減目標である1990年比で最低

図表2-4　国境炭素税

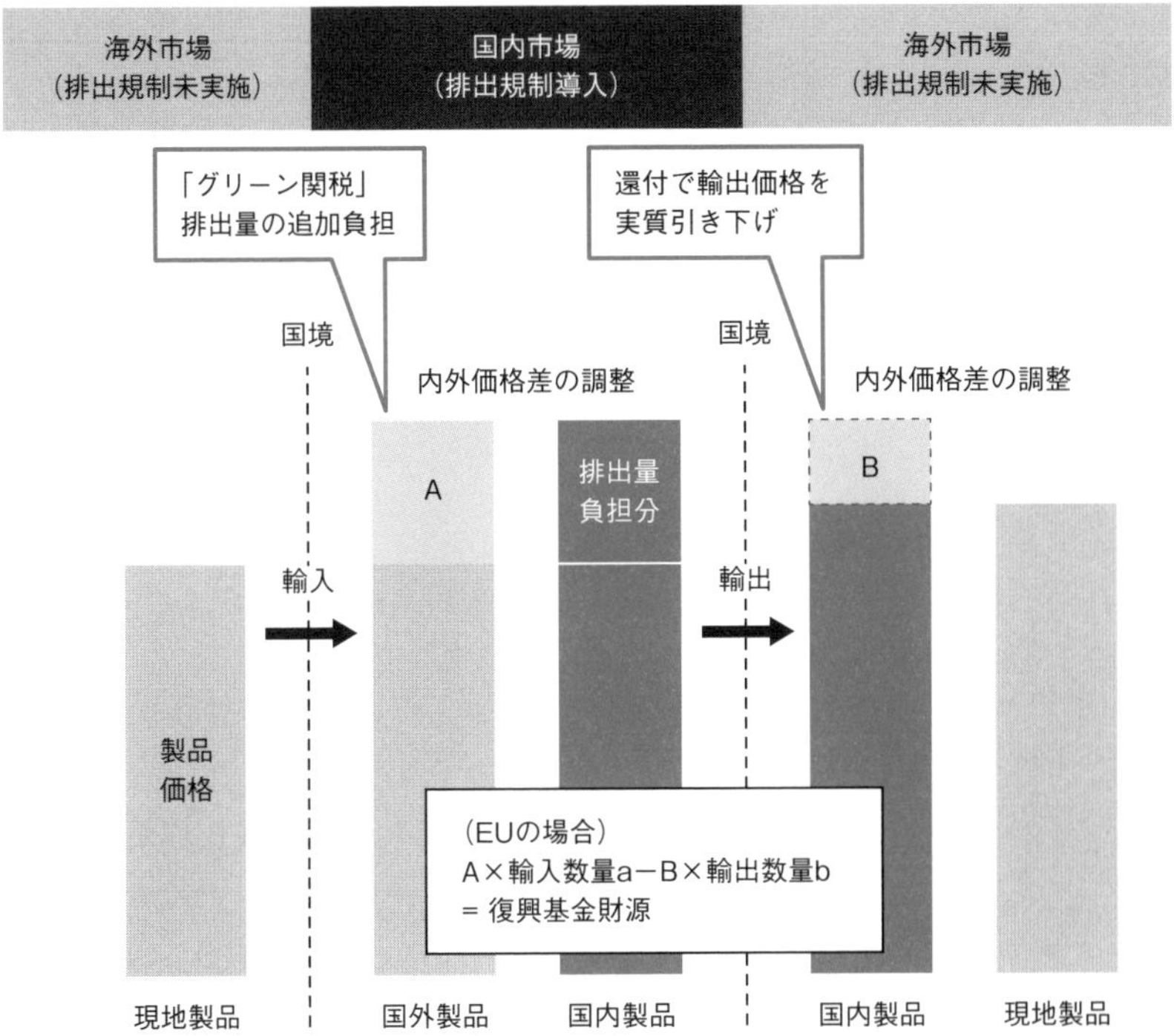

出所：筆者作成

55％削減に向けた政策パッケージ「Fit for 55」を発表した。その中で、ＣＢＡＭを２０２３年にも暫定導入する計画が盛り込まれた。当初は鉄鋼、アルミニウム、セメント、電力、肥料の5製品をＣＢＡＭの対象とし、２０２６年から本格導入される。ＥＵ域内の事業者がＣＢＡＭの対象となる製品をＥＵ域外から輸入する際には、域内で製造した場合にＥＵ－ＥＴＳに基づいて課される炭素価格に対応した価格を支払う義務が発生する見通しである。

ＣＢＡＭを導入する背景としては、ＥＵの野心的なCO_2削減目標が規制の強化、炭素価格の高騰、域内産業にとってのコスト増へとつながり得る一方で、相対的に規制の緩い域外からの輸入品が国内生産物を代替する、いわゆる「カーボンリーケージ（炭素漏洩）」をもたらすことへの懸念がある。ＥＵはＣＢＡＭを導入することで、域外の低炭素化及び域内外の産業の競争公正性の確保に資することを期待している。ただし、現在のカーボンリーケージ対策（特定産業へのＥＵ－ＥＴＳの排出枠無償配布等）や内外無差別が原則のＷＴＯルールとの兼ね合い、炭素含有量の計算の難しさなど制度設計にあたっての問題は山積しているのも事実としてあり、今後の政策動向には引き続き要注意である。

なお、ＣＢＡＭの対象分野は鉄鋼やアルミと自動車を構成する素材を含む。これらに車載電池を加える可能性も考えられる。なぜなら、前述の通り、ＥＵは国策として車載電池の脱炭素化を推進しつつ、それによる雇用創出を目指しているので、排出量取引の対象にすることと併せて、車載電池の輸入品に対してもグリーン関税をかけるインセンティブがあるからだ。自動車産業は、ＥＵの国境炭素税の動向を注視しなければならない。

米国も国境炭素税導入で「参戦」する

米国においても、昨年行われた大統領選におけるバイデン候補（当時）の選挙公約において、パリ協定のコミットメントを果たしていない国からの輸入品に対する「炭素調整賦課金または排出枠割当（Carbon Adjustment Fees or Quotas）」を導入する必要性に言及しており、２０２１年1月27日に署名した気候変動対策に関する大統領令でも再度、その重要性が明記された。ＥＣが「Fit for 55」を発表した直後の7月19日、民主党でバイデン大統領に近いクリス・クーンズ上院議員（Chris Coons）はスコット・ピーターズ下院議員（Scott Peters）と共同で、２０２４年1月から「国境炭素調整（ＢＣＡ：Border Carbon Adjustment）」を導入する法案を公表した。ＥＵでの議論も踏まえながら今後、米国でも導入に向けた議論が活発化する。とりわけ、２０２１年11月のＣＯＰ26開催に向けて国際会議が目白押しとなるが、欧州同様に米国での国境炭素税の議論の動向にも要注目である。

日本も諸外国と歩調を合わせてカーボンプライシングの取り組みの強化を図らなければ、国境炭素税によって国内企業が不利益を被る可能性がある。

ＥＵが国境炭素税の導入を急いでいる背景には、ＥＵ－ＥＴＳとセットにして輸入品にグリーン関税をかけることで、気候変動対策による雇用創出を確実にしたいという強い意向がある。そして、バイデン政権も「米国雇用計画」の旗印の下、ＥＵのグリーン関税導入によって米国の自動車産業の国際競争力を低下させないために、国境炭素税を含むカーボンプライシングの実施によって自国の雇用を守り、ＥＶ化の推進でその雇用を増やすことを目指しているのである。従って、欧米は競って国境炭素税の導入を急いでいるが、さながら雇用獲得競争の様相を呈している。

なお、世界最大の自動車市場がある中国は国境炭素税の導入には現在のところ否定的である。火力発電の依存度が高く、ＥＵに対して電源構成において不利であることが背景にあり、国境炭素税を貿易障壁のために使うべきではないと習近平国家主席は述べた。[注3] もっとも、中国も全国規模のＥＴＳを導入し、再エネの拡充を急いでおり、いずれ国境炭素税を導入するという可能性はゼロではない。

日本は全国版ＥＴＳや国境炭素税を含むカーボンプライシングの導入が遅れている。もし欧米による国境炭素税の導入に中国も加わるということになると、日本はカーボンプライシング未導入のままであった場合、自動車産業の輸出競争力が著しく低下するおそれがある。

実行炭素価格が低い日本の輸出競争力が削がれる可能性

日本でも炭素税について、既に「地球温暖化対策のための税（温対税）」が２０１２年に導入されている。２０１６年に最終税率の引き上げが完了したが、石炭や石油、天然ガスといったすべての化石燃料が対象で、CO_2排出量1トンあたり289円が課税されている。温対税のほかに石油石炭税やガソリン税などもある。

排出量取引については全国規模の制度はなく、一部自治体（東京都、埼玉県）の制度が存在するだけで規模は小さい。ネットゼロ達成への道筋を描くにあたって炭素税と共に導入検討の余地がある。

排出枠価格や炭素税、エネルギー税の合計である「実効炭素価格（Effective Carbon Rate）」で比べると、2018年7月時点で、日本はCO_2排出量1トン当たり30ユーロとなり、フランス（89ユーロ）やドイツ（48ユーロ）といった欧州や英国（83ユーロ）、そして韓国（41ユーロ）と比べて低い水準となっている。中国（6ユーロ）や米国（14ユーロ）は日本より実効炭素価格は低いが、いずれもカーボンプライシングを2021年から積極化するため、日本が米中よりも低くなる可能性が高い。[注4]

国境炭素税で日本が「標的」にされる可能性があるのは、このように排ガス規制によるコスト負担が国際的に低いからである。カーボンプライシングの本格導入が遅れると、鉄鋼材など素材に対して国境炭素税がかけられることで、日本車の輸出競争力が低下するリスクがある。

4

ライフサイクルにわたるサプライチェーンの脱炭素化が世界潮流に

製品のライフサイクルにわたる脱炭素

ここまで、炭素に対する値付けの方法について説明した。では、そもそも企業活動のどの範囲におけるＣＯ₂排出量が削減対象となるのか。

温室効果ガス（ＧＨＧ）の排出量の算定や報告の基準として、「ＧＨＧプロトコル」が世界的に推奨されている。ＧＨＧプロトコルは米環境ＮＧＯである世界資源研究所（ＷＲＩ：World Resources Institute）と持続可能な開発のための世界経済人会議（ＷＢＣＳＤ：World Business Council for Sustainable Development）が中心となり、世界各国の政府機関も一緒になって開発した基準である。

ＧＨＧプロトコルにおいては、ひとつの企業におけるＧＨＧの排出量だけでなく、サプライチェーン全体の排出量を重視する。ここで言うサプライチェーンとは、原材料や部品の調達、生産、物流、販売、廃棄の一連の流れを指す。従って、サプライチェーン排出量は自社のGHG排出量（直接排出）だけではなく、上流・下流を含めた他の企業のGHG排出量（間接排出）も含むことになる。「自社」だけでなくサプライチェーン全体をカバーする「組織」として、GHG排出量の算定範囲を定めているのである。

スコープとライフサイクルアセスメント

組織のCO_2排出量を把握するために「スコープ（Scope）」という捉え方があり、「サプライチェーン排出量＝スコープ１＋スコープ２＋スコープ３」という計算がなされる。スコープ１は企業の直接的な排出量で、スコープ２とスコープ３が間接的な排出量となる。なお、製品のライフサイクルにわたるGHGの排出といった環境負荷を評価・測量することをライフサイクルアセスメント（LCA）と呼ぶ。

図表２−５で説明すると、スコープ１では、事業者（メーカー）が所有または管理している排出源から発生するGHG排出量を算定する。より具体的には、事業者が所有し管理しているボイラーや高炉、電気炉、車両、その他における燃焼からの排出と、加工設備での製品の製造（工業プロセス）からの排出が含まれる。

スコープ２では、事業者が消費する購入電力の発電に伴うGHG排出量を算定する。購入電力とは、事業者が購入した電力または事業者の組織境界内に持ち込まれた電力のことである。

図表2-5　サプライチェーン全体でみたLCA

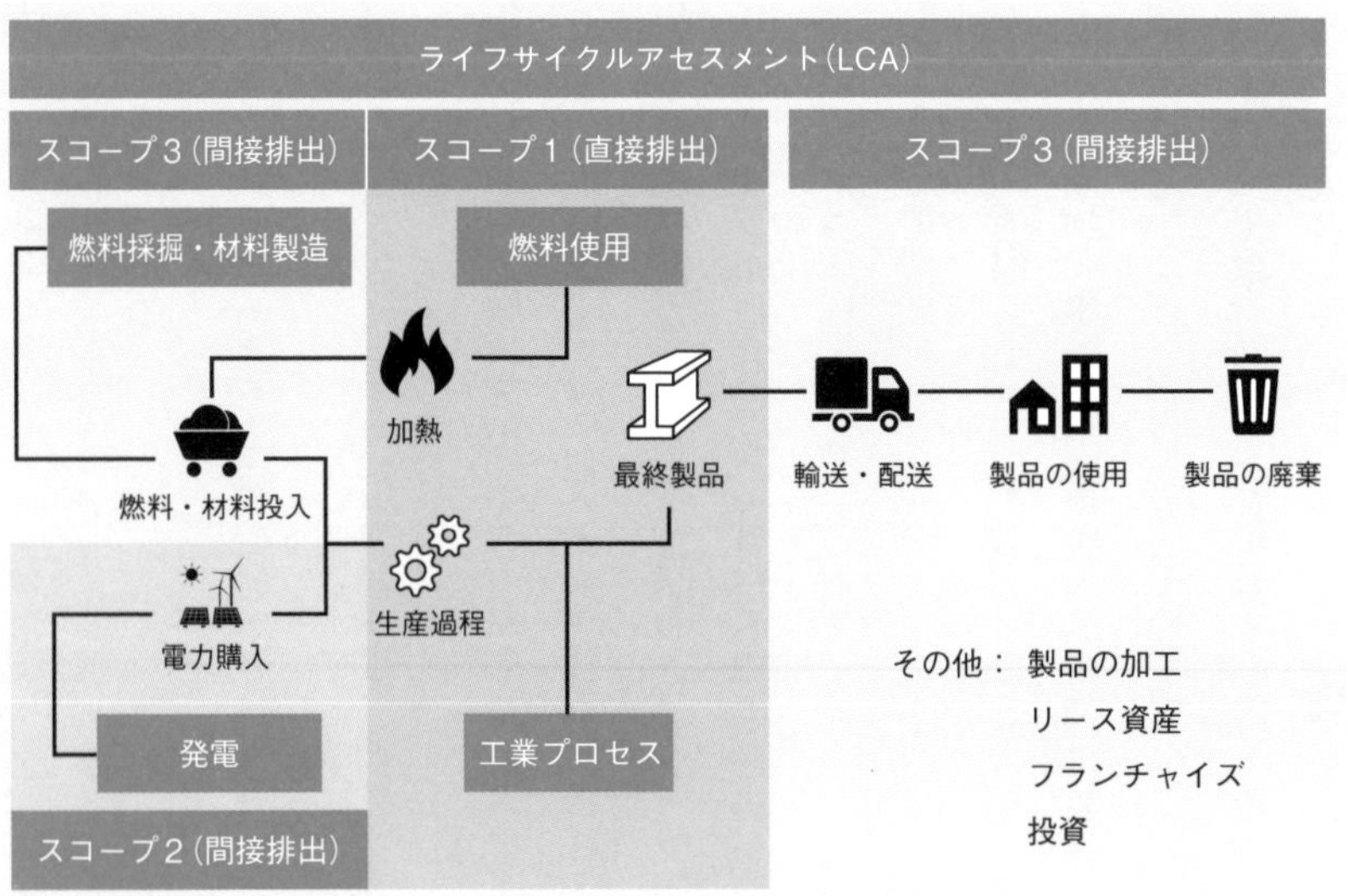

出所：筆者作成

そのため、事業者が省エネ技術に投資をしたりカーボンフリーな再エネを購入することで、スコープ2のGHG排出量は削減される。

最後にスコープ3では、事業者の活動の結果として生じるものの、その事業者が所有や管理をしていない排出源から発生するGHG排出量を算定する。ただし、スコープ2を除いた排出となる。例えば、購入原材料の採掘・抽出や製造、購入燃料の輸送、販売した製品の輸送や使用、廃棄などが該当する。スコープ3は細かく15のカテゴリーに分類され、販売した製品の加工やリース資産、フランチャイズや投資といったサプライチェーンの最下流での排出量までカバーしている。

なお、日本では、ＧＨＧプロトコルのスコープ３基準に整合したガイドラインとして、環境省が「サプライチェーンを通じた温室効果ガス排出量算定に関する基本ガイドライン」を作成している。

気候変動対策に関する国際イニシアティブが相次いで誕生

グローバル企業の気候変動対策に関する情報開示及び評価に取り組む国際的なイニシアティブが、相次いで立ち上がっている。環境ＮＧＯのＣＤＰ（Carbon Disclosure Project）は企業に気候変動対策に関する質問状を送付し、回答内容の開示や格付けを行う。

ＲＥ１００（Renewable Energy 100%）は、事業活動で利用するすべてのエネルギーを再エネにより調達し、ＧＨＧの削減を目指す国際的な取り組みである。

ＳＢＴｉ（Science Based Targets initiative）は、ＣＤＰ、ＷＲＩ、世界自然保護基金（ＷＷＦ）などによる共同イニシアティブである。企業に対して、気候変動による世界平均気温の上昇を産業革命前と比べ１・５度に抑えるという目標に向けて、科学的知見と整合した削減目標を設定することを推進し、この目標設定を支援するためのガイダンスやツールなども策定している。２０２１年８月時点では、ＳＢＴｉの下で意欲的な削減目標を設定することにコミットした企業は世界で１７００社を超えており、パリ協定に沿った目標策定のグローバル・

スタンダードとなっている。

「スコープ3」までの脱炭素化が求められる

このようなイニシアティブの影響力が高まる中、企業は気候変動対策に関する情報開示の一環として、サプライチェーン排出量を統合報告書や会社ホームページなどに掲載することで、環境対応企業としての企業価値を明確にする動きを加速している。サプライチェーン排出量の把握や管理はひとつの正式な評価基準としてグローバルで認知され始めており、特に環境保護団体やESG投資家が注目するようになった。これまで、多くの企業は環境報告書等において、スコープ1からスコープ2におけるGHG排出量を開示するのが一般的だったが、昨今では、スコープ3まで開示するよう様々なステークホールダーに求められるようになっている。

2021年5月26日、オランダのハーグ地方裁判所は欧州石油最大手の英蘭ロイヤル・ダッチ・シェルに対し、CO_2の純排出量を2030年までに2019年比で45%削減するよう命じる判決を出した。[注5] シェルは同年2月、GHG排出量を2050年までに実質ゼロとする長期目標を発表し、中間目標として、エネルギー1単位あたりのCO_2純排出量を2016年比で2030年に20%、2035年に45%それぞれ減らす方針を打ち出していた。ハーグ裁判所はシェルの目標は不十分だとして大幅な上積みを求めたのである。裁判は6つの環境保護団体と1万7000人以上のオランダ市民が原告として参加した。多国籍企業の気候変動に対する責任が市民により起こされた裁判で認められ、具体的な数字までだしてCO_2の削減が命じられたことは画期的だった。そして、もうひとつ注目された判決のポイントは、CO_2の削減範囲をスコープ3とサプライヤーの排出まで含むことを命じたことであった。

なお、シェルは7月20日、当判決を不服として控訴すると発表した。ベン・ファン・ブールデンCEOは「緊急行動の必要性には同意しネットゼロへの移行を加速するが、一企業に対する司法判決は効果がない」との声明を出している。[注6]

脱炭素が欧州のみならず世界的な潮流になる中で、グローバルに活動する日本の自動車関連企業においても、スコープ3まで含むLCAの実施と、部材調達先のサプライヤーまでカバーした広範囲にわたるサプライチェーンの脱炭素化を追求することは、今後、経営の重要課題のひとつになる。

ちなみに、前述したSBTiは参画企業に対して、スコープ3を含むGHG削減目標の提出を促している。企業はカーボンニュートラルの実現に向けた姿勢をESG投資家などの世界のステークホールダーに示すために、SBT（科学的に整合している目標）の承認取得に積極的である。SBTiが正式承認するSBTは、5～15年後の目標年度に向けたGHGの年平均削減率を基に、産業革命以前と比べて世界の気温上昇を何℃以下に抑えるかという数値で「1・5℃」、「2℃を十分に下回る（WB2・0℃：Well-below 2℃）」の2種類を設定している。「1・5℃」が最も厳しい目標である。SBTが正式承認された企業は2021年8月時点で全世界に約850社あるが、2021年7月30日、日産自動車が日本の自動車メーカーとして初めて「WB2・0℃」目標の承認を獲得するとともに、SBTiに加わった。SBTの対象範囲はスコープ3の排出削減を含んでいることから、サプライチェーンが広範にわたる製造業者にとって認証基準は厳しいものであるが、日産はそれをクリアした。

カーボンプライシングでもスコープ3をカバーする流れ

このような流れの中で、カーボンプライシングの対象範囲についてもLCAで捉える動きが出てきている。

前述のとおり、ECの「Fit for 55」で明らかになったが、2026年からEU－ETSの対象部門に運輸部門が加わることになる。国際線航空便や海運に加え、自動車などの陸運も対象にする見通しである。なお、欧州環境庁によると、2018年時点で国際線航空と海運はEUの排出全体のそれぞれ3％であるのに対して、陸運は22％も占めている。

陸運もEU－ETSの対象に加えるというのは、EV化の対象領域を新車販売から保有車の稼働に広げ、スコープ3での脱炭素化を促すことを意味する。

部材・製品の輸送段階における、企業にとっては間接的なCO_2の排出削減（スコープ3）を実現するためには、物流業界における商用車のEV化が必要となる。従って、EUでは2035年にガソリン車の販売が禁止されるが、2026年から運輸部門がEU－ETSの対象に加わることから、乗用車よりも商用車のＥＶ化が急務となる。これを背景に、欧州のトラックメーカーはＥＶに加えてＦＣＶの市場投入を急ぎ、ＥＣはＥＶ用急速充電器だけでなく、水素充填ステーションの高速道路沿いでの設置などを積極化していくのである。

Mobility ZERO

第3章

カーボンフットプリントを要因分解する

カーボンフットプリントを減らすためには何をすればよいか。一般的に、産業・企業が生産活動を行い経済が成長すればするほど、CO_2排出量は増加する。しかし、脱炭素への対応でCO_2排出を減らしたいからと企業活動や経済成長を抑え、家計の生活の質が下がってしまっては意味がない。

企業と経済の成長を続けつつ、CO_2を削減するためにはどのようにすればよいのだろうか。本章では、それを考えるためのツールとして、日本の経済学者が提唱した「茅恒等式《かやこうとうしき》」を活用し、具体的事例を挙げながら打つべき対策を紹介する。

1 茅恒等式でひも解く脱炭素の攻略法

CO_2排出の要因分解

東京大学の茅陽一名誉教授は1989年、人類の活動とCO_2の排出量との関係を表す、「茅恒等式（Kaya Identity）」を提唱した（図表3－1）。この式は翌1990年に国連気候変動に関する政府間パネル（IPCC：Intergovernmental Panel on Climate Change）でCO_2排出抑制のGDP成長に与える影響として報告され、世界的にもよく知られている。とりわけ、世界各国のポリシーメーカーがこの茅恒等式を活用することが多い。

この式は、CO_2排出を主な要因に分解したものである。この式によれば、「CO_2排出量」は、「国内総生産（GDP）」、「①エネルギー消費量当たりのCO_2排出量（炭素集約度）」、「②国内総生産当たりのエネルギー消費量（エネルギー原単位またはエネルギー効率）」、のかけ算で表すことができる。

この式を基にすると、GDPを減らさずに経済成長を追求するのであれば、CO_2排出量を

図表3-1　茅恒等式

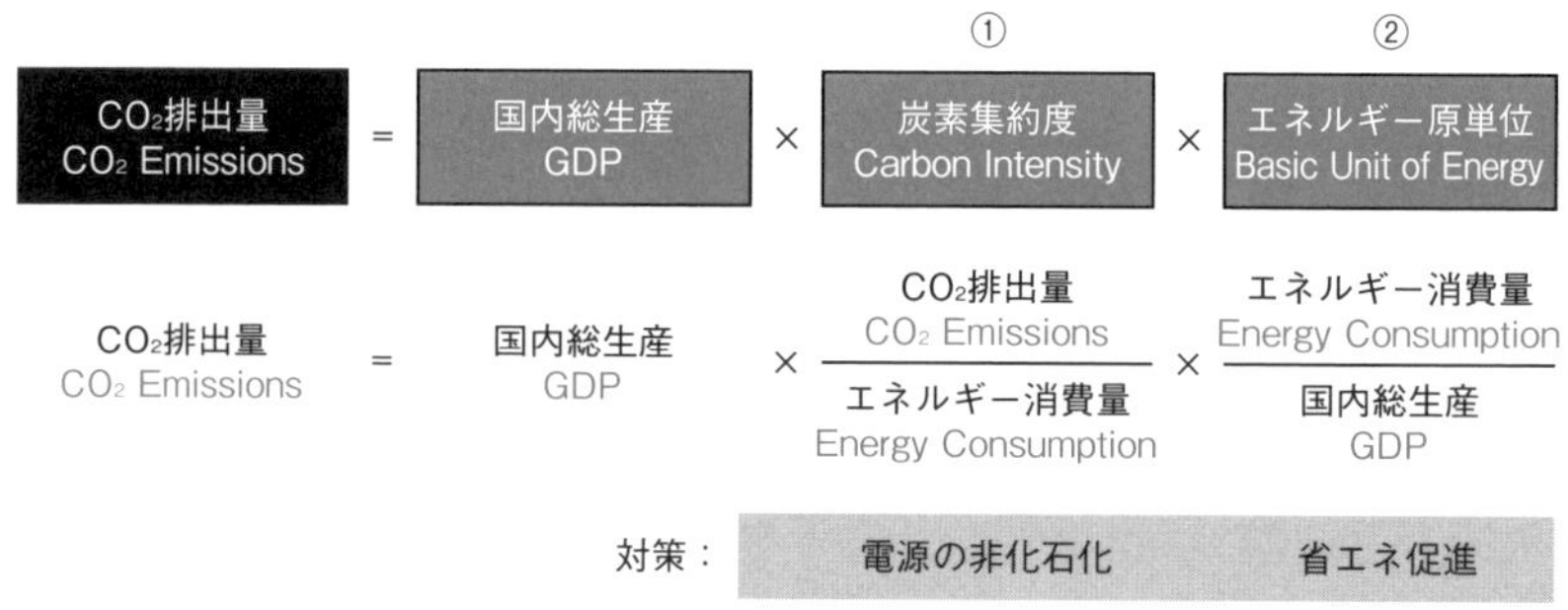

出所：筆者作成

減らすために、①と②の値を低くすることが必要となる。①を下げるためには、エネルギー供給を従来の石炭・石油から、天然ガスのような低炭素な燃料やカーボンフリーな再エネへと転換すること（電源の非化石化）を進め、②の値を低くするためには省エネを促進しなければならない。

茅教授が世界の代表的な国についてデータを集め計算したところ、はっきりしたのはかなりの国で石油危機以降、②エネルギー原単位は減少傾向を示し省エネが進んだが、①炭素集約度は思ったほど減っていなかったとのことだ。[注1] 日本における②の昨今の進捗状況としては、LEDなどの導入、省エネ率の高い産業用ヒートポンプやモーターの導入促進、低燃費車の普及促進などの様々な対策を進めた結果、2010年から2017年の間だけで②の数値は16%も減少し、日本における省エネはかなり進んでいる状況だと、資源エネルギー庁は公表している。[注2]

従って今後、CO_2を更に削減していくためには、①の値を低くするのが最も重要な課題であり、とりわけ、世界的に雇用創出力が大きいとみなされている再エネの電源構成を上げていくことが必要となる。

企業活動におけるカーボンフットプリントの要因分解

では、国の経済活動とCO_2排出量の関係を表したこの茅恒等式を、企業活動に置き換えるとどうなるか。図表3－2のようになる。自動車メーカーや部品メーカーでのCO_2排出を想定する。

オリジナルの茅恒等式との違いとしては、GDPを製品生産量に置き換えて、エネルギー原単位を「材料投入量当たりのエネルギー消費量（エネルギー強度）」と「生産物1個当たりの材料投入量（材料原単位）」にブレークダウンしている。エネルギー原単位から材料原単位を抜き出した理由は、自動車及び部品の組立・製造においては、部材のリユース・リサイクルが増えてきており、それによる製造ライフサイクルでの材料の必要投入量が減少しているからである。材料原単位の改善がエネルギー原単位を引き下げ、CO_2の排出削減に貢献するのである。

図表3-2　企業活動に置き換えた茅恒等式

CO_2排出量 CO2 Emissions ＝ 製品生産量 Production Volume × 炭素集約度 Carbon Intensity × エネルギー強度 Energy Intensity × 材料効率 Material Efficiency

$$\text{CO}_2\text{排出量 CO}_2\text{ Emissions} = \text{製品生産量 Production Volume} \times \frac{\text{CO}_2\text{排出量 CO}_2\text{ Emissions}}{\text{エネルギー消費量 Energy Consumption}} \times \frac{\text{エネルギー消費量 Energy Consumption}}{\text{材料投入量 Material Input}} \times \frac{\text{材料投入量 Material Input}}{\text{製品生産量 Production Volume}}$$

出所：筆者作成

カーボンニュートラルには追加的な仕掛けと施策が必要

国も企業もカーボンニュートラルを目指す動きを加速している。カーボンニュートラルはネットゼロとも言われるが、CO_2排出量を「実質ゼロ」にすることを意味する。

図表3－2をもう一度みてみると、ひとつ気になることがある。それは、この方程式においては、すべての要因がゼロにならないので、それらの掛け算で導き出されるCO_2排出量はゼロにはならないということである。炭素集約度において、全ての使用エネルギーをカーボンフリーな再エネにするとゼロにすることは可能ではあるが、多くの国で再エネの電源構成がまだ低いのが現状であるので、そのような企業は今のところ僅少である。

そこで、カーボンニュートラルを実現するために、余分を除いたネット（正味）で排出ゼロにする追加の仕掛けと施策が必要になってくる。それが、カーボンオフセットとカーボンリサイクルである。前者はCO_2を相殺する仕掛けであり、その方法はCO_2クレジットを購入して実際のCO_2排出量を減算する。後者は、CO_2を直接的に回収して、それを利用したり貯留するという技術を活用するもので、CCUS（CO_2 Capture, Utilization and Storage）というものである。茅恒等式における4つの要因における対策は、CO_2排出を抑制するものである一方、カーボンリサイクルは抑制した後のCO_2を回収して除去する技術である。

図表3－3でカーボンニュートラルをひも解くための方程式と、ネットゼロに向けた具体的な対策を示す。本章は、すでに進んでいる省エネ以外の各要因における対策の詳細と具体例を挙げていく。

EVを作ることだけではカーボンニュートラルは実現できない

自動車・モビリティにおいて、各要因におけるカーボンニュートラル実現に向けた対策としては、①再エネ利用（電源の非化石化）の促進、②省エネの強化、③サーキュラー・エコノミーの構築、④CO_2クレジットの取得、⑤炭素除去技術の開発・導入、が挙げられる。

自動車関連企業におけるカーボンニュートラルの実現においては、EVの生産・販売を増やしていくということだけではなく、サプライチェーン全体での脱炭素化と炭素除去を追求することも必要となる。これが本章のみならず、本書全体での脱炭素を理解する上でのポイントと

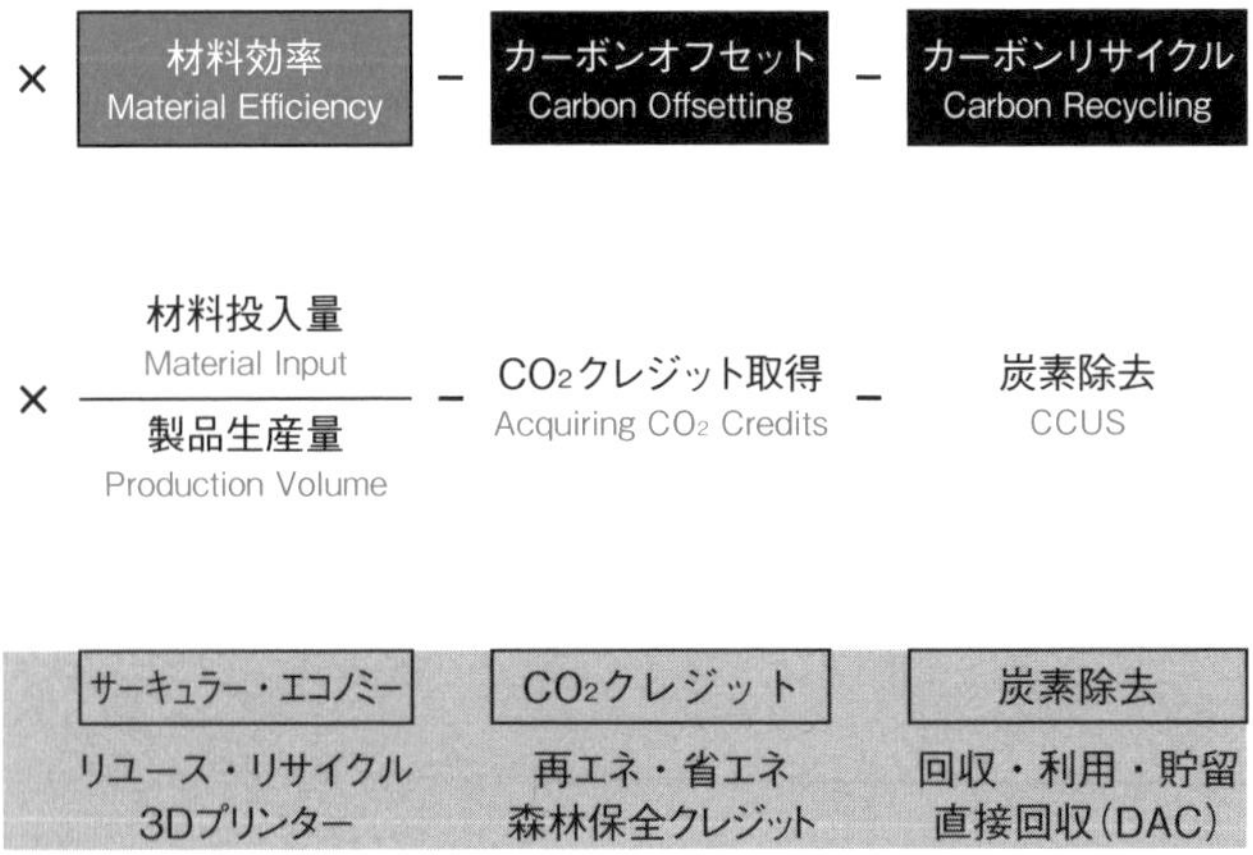

なる。

なお、後述するが、今後CO_2の削減が進むと、クレジットで排出量をオフセットする必要はなくなる。前述したとおり、カーボンプライシングは企業が脱炭素化を推進するためのインセンティブであるが、カーボンクレジットはカーボンニュートラルに向けたポリシーメーカーによる過渡期対応としての政策なのである。

トレーダーポジションを取る商社や物流企業も活用可能

商社や物流企業といった、メーカーではなくトレーダーポジションを取ってサービスを提供する立場の会社においても、この方程式を有効活用することができる。なぜなら、自動車メーカーやサプライヤーにとっては、こ

図表3-3　カーボンニュートラルへの対策

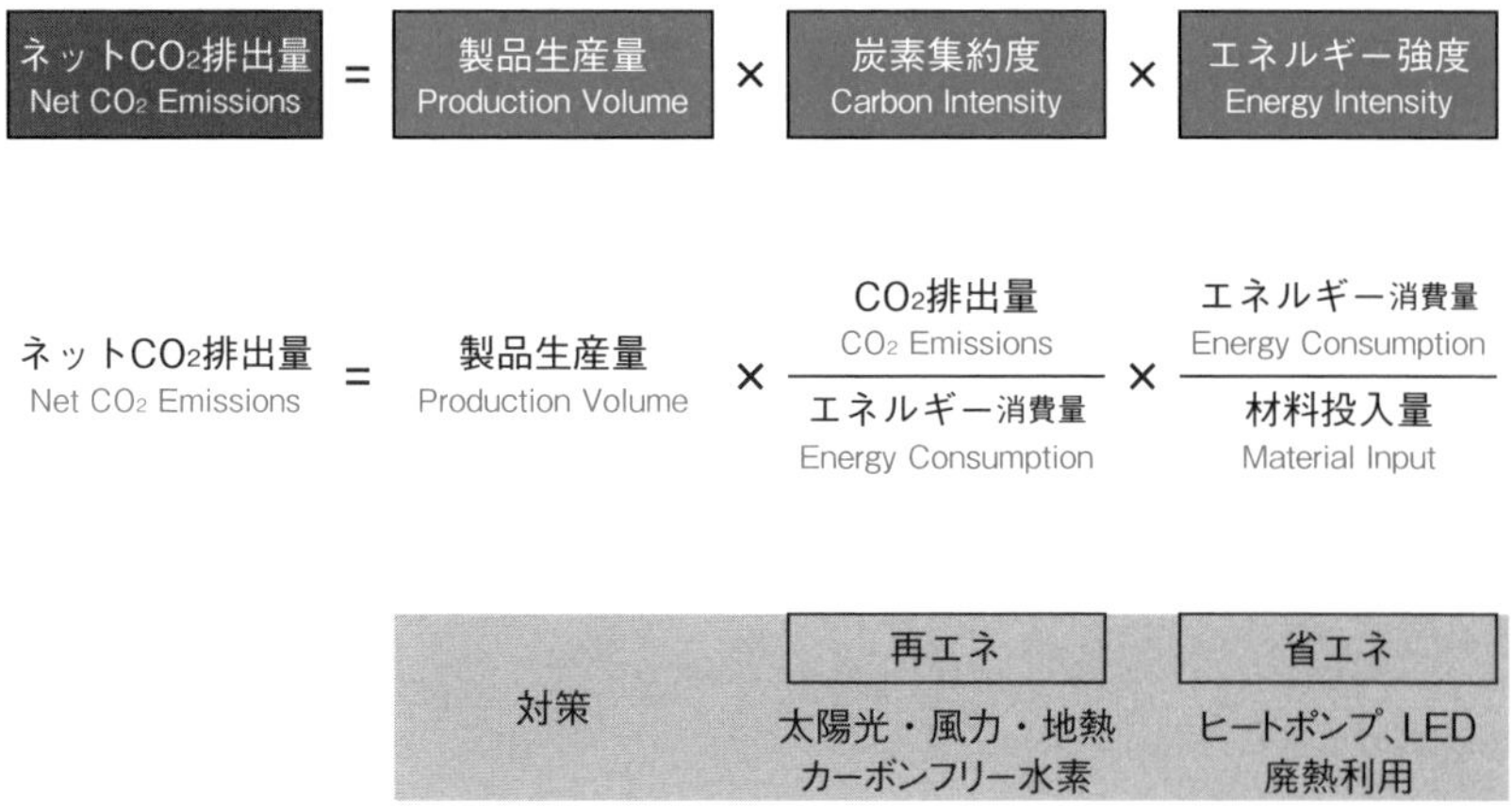

出所：筆者作成

れからの脱炭素実現に向けた活動範囲はスコープ3を含むサプライチェーン全体へと拡がり、炭素除去などはこれまでの本業でのビジネスからはかけ離れた最新技術が必要となるからだ。未知なる領域で他社とのコラボレーションが不可欠となる。

メーカーから見た上流での部材やエネルギーの調達、下流における車両・部品の輸送・販売から廃棄・リサイクルといった領域での豊富な専門知識と価値創造力は、商社・物流企業が強みを活かせるものであり、カーボンニュートラルの実現を目指す自動車・モビリティ企業をサポートする場面が今後増えてくるのは間違いない。

2 フォルクスワーゲンとアマゾンは再エネ発電に参画

再エネを制するものがEVを制する

前節の茅恒等式でも解説したが、国同様に企業もCO_2の排出を削減するためには、カーボンフリーな再エネの利用を増やすことが最重要課題となる。

EV化を推進する自動車メーカーにおいては、スコープ1からスコープ3にわたるLCAにおいての脱炭素が急務であり、調達先のサプライヤーも巻き込んでCO_2の排出削減を強化しなければならない。本節では、再エネ発電に参画するVWの急速な脱炭素化の動きを取り上げる。

そして、次世代モビリティに欠かせないクラウドコンピューティングでの脱炭素化に向けた、アマゾンの取り組みも紹介する。アマゾンはクラウドを構築するデータセンター向けの再エネ発電に日本でも参画する見通しである。アマゾンは新興EVメーカーや車載電池のリサイクル会社に出資しており、データセンター向け再エネ参画と併せて、既存の自動車メーカーにとってのサプライチェーンの上流と下流を含むスコープ3までもカバーできる、ゼロカーボンのモビリティ企業としての地位を築きつつある。

再エネを制するものがEVを制する。EV化が進む自動車産業において、今までとは違った戦い方をする企業が覇権争いに加わってくるのである。

再エネ利用の加速でスコープ2排出を削減

VWグループ（以下、VW）は工場での脱炭素化を急ピッチで進めている。2021年3月29日、VWは2020年に自動車生産工場での購入電力における再エネ率を大幅に増やすことができたと発表した。[注3] これは、スコープ2での脱炭素化を意味する。なお、VWグループはアウディ（Audi）やポルシェ（Porsche）、シュコダ（Skoda）、セアート（SEAT）、ブガッティ（Bugatti）、トラックメーカーのMANといったVW以外のブランドも含んでいる。

欧州にある工場での購入電力における再エネ率を、2019年の80％から2020年には95％までに高めた。中国を除く海外工場においては、同期間に76％から91％にまで高めている。そして、2023年までに欧州域内の全工場の再エネ使用率を100％とし、2030年までに中国以外の世界の全工場で100％にするという目標を掲げた。

現在のスコープ2での順調な脱炭素化に甘んじることなく、電源構成の上で不利な中国の工場における再エネ率向上と、自社工場内の自家発電における（スコープ1での）脱炭素化も推進すると付け加えた。

再エネ発電に参画してスコープ3での脱炭素化も急ぐ

ＶＷは更に２０２１年４月29日、２０２５年までに欧州にて４０００万ユーロをかけて、発電事業者の太陽光や風力の発電所建設プロジェクトに投資すると発表した。[注4] ＶＷは産業規模での再エネ発電への投資をサポートする世界で最初の自動車メーカーとなる。

参加するプロジェクトを合計すると、２０２５年までに60万世帯の年間電力使用量に相当する70億キロワット時の電力を生み出す計画となる。まず最初は、２０２２年に独電力大手ＲＷＥがドイツ北東部のトラム・ゲーテン（Tramm-Göthen）で建設予定の、同国最大級の太陽光発電プロジェクトに参加する。

ＶＷはすでに同社製ＥＶのユーザーに対して、「フォルクスワーゲン・ナトゥアシュトローム（Volkswagen Naturstrom）」と名付けた住宅向けや、街中での急速充電ネットワーク「イオニティ（IONITY）」向けに同社子会社を通じて再エネ供給を行っている。しかし、ドイツのすべての公共充電ステーションが再エネを使っているわけではない。ＶＷはＥＶの拡販と並行して、充電のための電気の脱炭素化を更に前進させるため、再エネの発電に自ら関与することにしたのである。

これは、ユーザーのＥＶ使用時におけるCO_2排出削減につながるので、ＶＷにとってはＥ

V販売後の、スコープ3領域の脱炭素化に貢献するものである。

生産とサプライチェーンでの排出削減も強化

ＶＷは再エネ発電への参画を発表したのと同時に、ＥＶの走行と充電だけでなく、生産およびサプライチェーンでの脱炭素化も加速する考えを明らかにした。

前述のようなスコープ1とスコープ2での再エネ率の向上に加え、部材の生産においても再エネを利用し、リサイクルを推進することで、ＥＶのライフサイクルにわたるCO_2削減を目指すとした。

部品の中でも、電池セルの自社生産分と調達分において、１００％再エネのみで生産し、電池の原材料の90％以上を再利用できるようにするリサイクル体制を強化することも強調した。なお、調達分には第1章で説明したノースボルトとの合弁工場で生産した電池セルも含んでいる。

ＬＣＡでの脱炭素化を加速させるロードマップ

これらの施策により、従前から目指している２０５０年までの全社カーボンニュートラルの達成に向けて、２０３０年までに欧州におけるCO_2排出量を２０１８年対比で40％削減する中間目標を掲げた。これは、ライフサイクルにわたる車1台当たりCO_2排出量を平均17トン削減することに相当する。

２０２０年12月の欧州電池指令の発表から僅か４カ月で、ＶＷはＥＶ生産の上流と下流のスコープ３領域までカバーした、ＬＣＡでの脱炭素化を加速させるロードマップを世界に示したのである。

アマゾンがデータセンター向け再エネ発電に日本でも参画

アマゾンは他のグローバル企業も含めた１０８社が参加する「気候変動対策に関する誓約（The Climate Pledge）」という取り組みを進めている。これは、パリ協定の達成目標よりも10年早い、２０４０年までにCO_2排出量を実質ゼロにするという誓約であり、アマゾンはカーボンニュートラルに向けてかなり積極的にビジネスの脱炭素化を推進している。
アマゾンはカーボンフットプリントのスコープ３までの数値を公開しているが、世界中のアマゾンの倉庫、オフィス、輸送時、そしてデータセンターでの脱炭素化を進めており、２０２５年までに使用電力のすべてを再エネにするという目標を立てている。２０２１年6月23日のプレスリリースでは、アマゾンは米国と全世界で最大の再エネ調達企業であると述べており、全世界で２３２件の再エネプロジェクトを進めている。[注5]
なかでも、データセンター向けの再エネ供給に積極的である。電子商取引（ＥＣ）で世界最大手のアマゾンはクラウドでも世界トップであり、全世界約80カ所にデータセンターを持っている。世界的なデジタル化に伴うクラウドコンピューティングの進展で、データセンターにおけるエネルギー消費量は増える傾向にある。

2021年5月13日、アマゾンは日本のデータセンター向けに再エネの調達を目的とした発電所の新設を検討していると報じられた。[注6] 複数の関係者によると、アマゾンは日本の電力会社などに専用の再エネ発電所を建設してもらい、長期契約で電力を調達できないか協議しているとのことである。アマゾンが既設の再エネ発電所から電力を購入するのではなく、同社向けに新設された発電所と契約することを目指しているのは、再エネの調達量を増やすだけでなく電源を増やすことがビジネスの脱炭素化につながるからである。アマゾンと再エネ事業者との建設運営費の負担は案件ごとに今後詰めるとしているが、実現すれば国内初の同社専用の発電所となる。

アマゾンはこの報道に対し、「再生エネルギーの確保に向けてグローバルで手を打っている」とコメントした。

日本のトラックメーカーにとってライバルかパートナーか

まだアマゾンが決定し発表したものではないが、日本の自動車メーカー、特に商用車メーカーにとっては、アマゾンの今後の動向には要注目である。

アマゾンは2019年2月に米新興EVメーカーのリヴィアン（Rivian）に出資し、20

図表3-4　フォルクスワーゲンとアマゾンは再エネへの積極投資を進めている

出所：Volkswagen AG, Amazon

２０年６月には同社ファンドを通じて車載電池のリサイクル企業である米レッドウッド・マテリアルズ（Redwood Materials）にも出資するなど、モビリティ企業としての存在感を高めている。

アマゾンが再エネ発電に参画すると、日本の物流における脱炭素が進展する可能性が高い。それはどういうことか。アマゾンのユーザーの立場でこの動きを捉えるとこうなる。

アマゾンで商品を購入してから手元に届くまでの行程で脱炭素を実現するためには、アマゾンのＡＷＳクラウドを構築するデータセンターをカーボンフリーの再エネで稼働させ、再エネを蓄電した車載電池を搭載するＥＶが商品を運ぶ必要がある。アマゾンの再エネ発電の参画はその第一歩を踏み出すことを意味する。そして、発電された再エネを蓄電するための定置型電池や物流会社が管理する商用ＥＶの需要も生まれ、新たな経済効果がもたらされる。アマゾンは将来、商品発注者が商品を同社倉庫に運ぶまでの行程や商品の製造ライフサイクルにわたる脱炭素も追求する可能性がある。

リヴィアンはアマゾン用にＥＶバンを生産する予定で、日本に上陸する可能性もある。日本の商用車メーカーにとって、ＥＶを引っ提げるアマゾンはライバルとなるか、それともＥＶのユーザーとして日本の物流の脱炭素化を共に進められるパートナーになるか。アマゾンの一挙手一投足が注目される。

3 日産とＢＭＷが急ぐ クローズドループ・リサイクルの強化

本節では、リユースやリサイクルといったサーキュラー・エコノミーの構築で材料原単位を改善させることにより、カーボンフットプリントを削減する取り組みを紹介する。

LCAの次なる「標的」は何か

プロローグで欧州電池規制について解説したが、欧州では2019年頃からLCA規制の導入について議論が進められており、車載電池以外の部材に対しても規制をかける可能性が高い。電池以外の自動車素材で次の「標的」となるのは何か。ECが2020年7月に公表した、自動車素材のLCAにおけるCO_2排出に関するレポートにそのヒントが隠されている。[注7]

図表3－5で示すようにECはEVを構成する素材1kg当たりのライフサイクルでのCO_2排出量を同レポートで公表した。厳密には、EV1台における使用量は素材ごとに異なるため、1台あたりのCO_2排出量は原単位に使用量を掛け合わせて計算する必要があるが、カーボンフットプリントが大きいものとして、軽量化材料のマグネシウム、アルミニウム合金（鋳造材や展伸材）、そして炭素繊維強化プラスチック（CFRP）を挙げている。また、EVの材料として、モーターを構成するネオジムやジスプロシウムを含む磁石材料とリチウムイオン電池の材料も指摘している。

日産はアルミ製部品のクローズドループ・リサイクルを構築

自動車の代表的な軽量化部材であるアルミニウム合金は、ボーキサイトを製錬して新地金に

図表3-5 欧州における自動車用素材のCO_2排出原単位

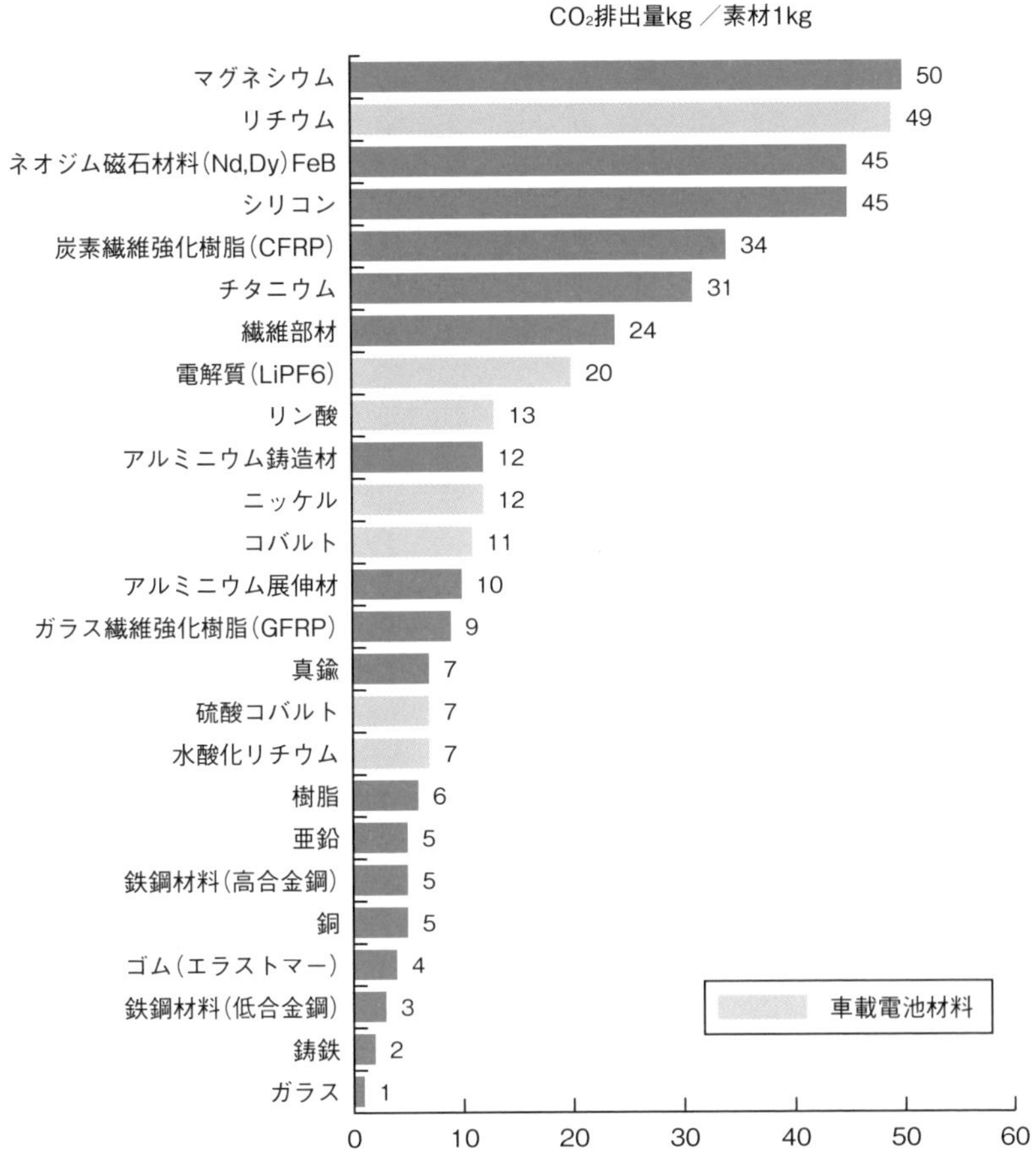

注：2020年ベースラインシナリオ（EU平均電源構成、使用年数15年、総走行距離2万5千km、EV搭載電池容量2020年58kWh/30年64kWh、WLTPモード航続距離2020年300km/30年460km、電池交換なし）

出所：European Commission（2020）を基に筆者作成

する工程が製造時CO_2排出の大半を占める。しかし、自動車の主な需要地には製錬工場が少なく、日本にはない。従って、アルミ製部品のLCA規制への対応はリサイクルにほぼ限られてしまう。自動車メーカー各社は最近、アルミメーカーと手を組んでクローズドループ・リサイクル（Closed Loop Recycling）というリサイクルに力を注いでいる。クローズドループ・リサイクルとは自動車業界でもよく使われるようになってきた言葉だが、生産時に発生した廃棄物やスクラップ、そして回収した自社の使用済み製品を同等の品質を維持した材料として再生し、再び自社製品の部品に採用する手法のことを言う。

日産自動車は2021年1月22日、北米で販売を開始する新型SUV「ローグ」に同社のグローバルモデルとして初めて、アルミ製部品にクローズドループ・リサイクルを適用したと発表した。[注8] 新型ローグでは、車両の軽量化により燃費性能や動力性能を向上させるため、フードやドアなどのパネル材料にアルミニウム板を採用している。日産は同モデルを生産する日産自動車九州においては神戸製鋼所やUACJと、北米日産のスマーナ工場では米アーコニック（Arconic）や米ノベリス（Novelis）と協業することで、車両組立工場で発生したアルミ製部品の端材スクラップを自動車用アルミ板にリサイクルするプロセスを採用し始めた（図表3－6）。また、ノベリスは5月28日、同社ドイツ工場からクローズドループ・リサイクルシステムを活用したアルミニウム板を日産の英サンダーランド工場で生産する新型SUV「キャシュカイ」に供給することで、日産のライフサイクルでのCO_2排出削減に貢献すると発表し

図表3-6　日産のアルミ部品のクローズドループ・リサイクル

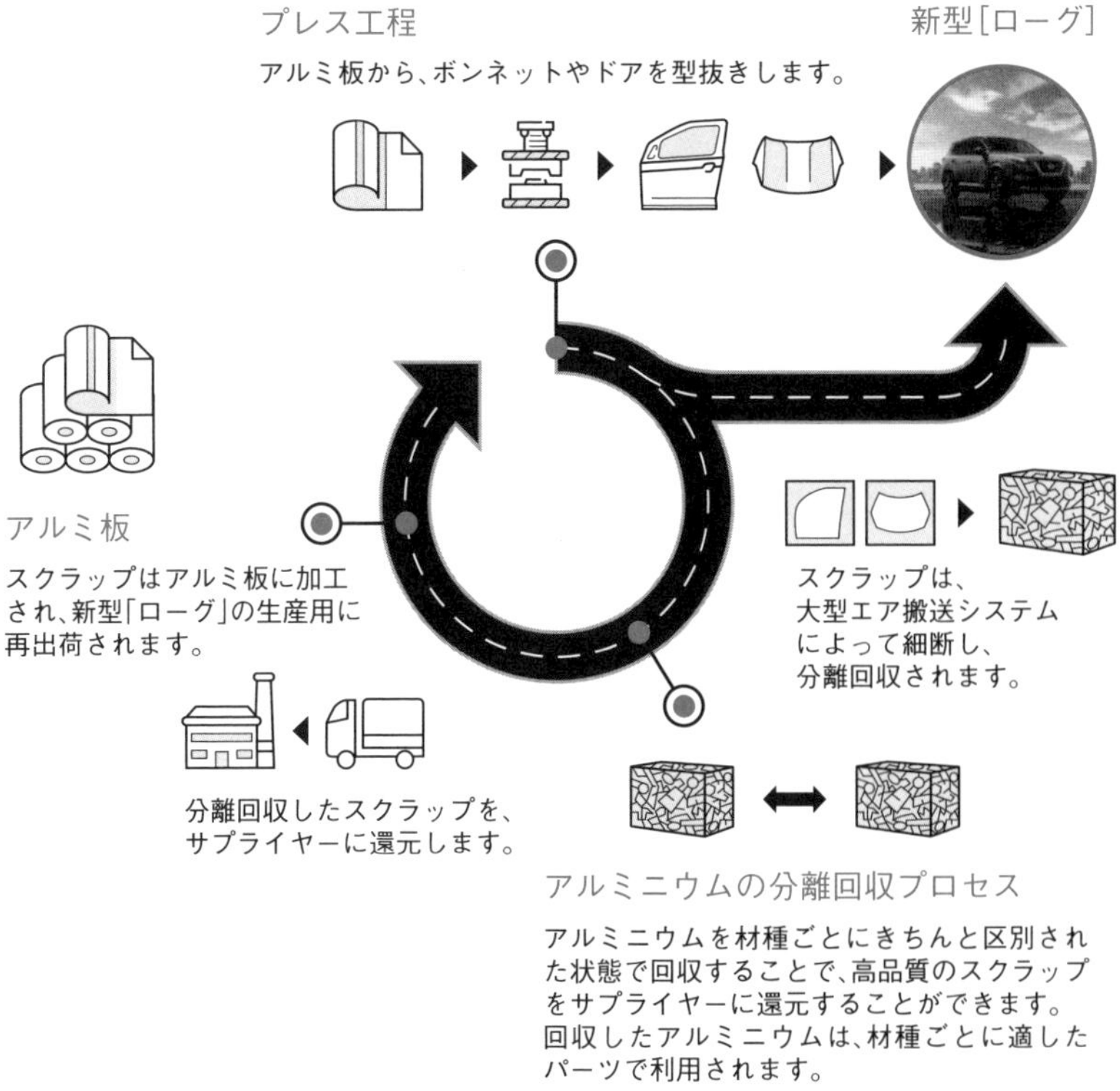
プレス工程
アルミ板から、ボンネットやドアを型抜きします。
新型[ローグ]
アルミ板
スクラップはアルミ板に加工され、新型「ローグ」の生産用に再出荷されます。
スクラップは、大型エア搬送システムによって細断し、分離回収されます。
分離回収したスクラップを、サプライヤーに還元します。
アルミニウムの分離回収プロセス
アルミニウムを材種ごとにきちんと区別された状態で回収することで、高品質のスクラップをサプライヤーに還元することができます。回収したアルミニウムは、材種ごとに適したパーツで利用されます。

出所：日産自動車

た。

日本アルミニウム協会によると、廃アルミニウムをリサイクルすることで、原材料から同程度のアルミニウムを作るのに必要なエネルギーの90％以上を節約することができる。日産はクローズドループ・リサイクルで選別回収をすることで不純物混入を抑え、品質低下のない水平リサイクルを実現し、新規採掘資源（アルミニウム新塊）の使用量削減に貢献しながら、CO_2排出量を大幅に削減することを目指している。

BMWはCFRPのリサイクルにも注力

自動車の軽量材で他に代表的なものとしては炭素繊維強化樹脂（CFRP）がある。図表3－5で示したように、欧州ではLCAにおけるCFRP1kg当たりのCO_2排出量は34kgと、鉄鋼材料の3～5kgに対して圧倒的に多い。同じく軽量化材料の代表選手で製造時に大量の電気を食うアルミニウム材の10～12kgに対しても、CFRPのカーボンフットプリントはかなり大きいことが分かる。炭素繊維の原料であるポリアクリロニトリル（PAN）を数千度の高温で熱して炭化・黒鉛化する工程があるため、熱する際に大量のエネルギーを消費することがCFRPのCO_2排出量が多いことの背景にある。

CFRPがLCA規制の対象になる可能性は高いが、自動車メーカーや素材メーカーは、CFRPの脱炭素に向けた取り組みを約20年前から進めており、その主体はリサイクルとなって

図表3-7　BMWはEVの軽量化でCFRPを積極的に取り入れている

出所：BMW

いる。

ＢＭＷは世界の自動車メーカーの中でも最も積極的にＣＦＲＰを使用するメーカーであるが、とりわけＥＶの「ｉ３」や「ｉ８」の1充電当たり航続距離を延ばすために、車体の大部分でＣＦＲＰを軽量化材料として取り入れている。初代ｉ３が発売された２０１３年よりも前の２００８年頃から、炭素製品の世界最大手である独ＳＧＬカーボンと炭素繊維のクローズドループ・リサイクルのシステム構築を進めており、リサイクル率の向上に邁進している。

欧州でCFRPのLCA対応に向けた動き

ＢＭＷやＶＷなどの欧州の自動車メーカーはＬＣＡ規制の導入を見越して準備を進めている。具体的には、大手自動車メーカーがサプライヤーに対し、車載電池以外の部材に関しても製造時のカーボンフットプリントの情報開示を求め始めている。欧州電池規制と同じようなＬＣＡ規制が製造時CO_2を多く排出する他の部材にも導入される可能性が高く、そのような部材の筆頭にＣＦＲＰが挙げられる。

これまで自動車メーカーは主に燃費性能の向上に寄与する部材のサプライヤーを選定してきたが、今後は、ライフサイクルでCO_2排出量の少ない部材を提供できるサプライヤーを重視する。自動車メーカーのサプライヤー選定条件が大きく変わろうとしているのである。

ＦＣＶは「狙い撃ち」されるか

炭素繊維は東レ、帝人、三菱ケミカルホールディングスといった日本企業の技術力が高く、3社で世界シェアの過半を占めている。3社ともにＣＦＲＰの脱炭素化に積極的に取り組んでおり、炭化・黒鉛化工程での省エネや天然ガス、再エネの利用拡大に加え、リサイクル技術の開発にも注力している。

しかし、リサイクル技術の普及にはまだ時間がかかる状況で、ＣＦＲＰの脱炭素化においては車載電池と同様に、再エネ利用をどれだけ増やせるかがカギを握っている。再エネの導入が進んでいる欧州に対し、再エネ比率の低い日本は電源構成において不利であるが、ＣＦＲＰで高いシェアを持つ日本・日本企業を欧州の規制当局がＬＣＡ規制で「狙い撃ち」する可能性は十分にある。

加えて、ＣＦＲＰについては、同じく日本企業が技術的に先行している燃料電池車（ＦＣＶ）も「標的」にされる可能性がある。なぜなら、ＦＣＶの主要部品である高圧水素タンクには大量のＣＦＲＰが使われているからだ。水素タンクまたはそれを搭載したＦＣＶにＬＣＡ規制が導入されてもおかしくない。

日本政府の支援が必要

豊富な再エネをバックにＬＣＡの観点で脱炭素化を有利に進められる欧州の規制に対して、日本政府は再エネの導入促進やリサイクル技術の早期確立に向けた企業の投資をサポートする必要がある。これはＣＦＲＰに限ったことではなく、車載電池やモーター、アルミ部材など製造時のカーボンフットプリントが大きい部材全般に言えることである。

4 ボッシュとアップルは森林クレジットでCO_2をオフセット

ネットゼロを実現するためには、カーボンオフセットという追加的な「仕掛け」が必要である。企業は経済活動をする以上、CO_2排出量をゼロにすることができないからだ。

カーボンオフセットとは、経済活動において避けることができないCO_2排出について、まずできるだけ排出量が減るよう削減努力を行い、どうしても排出されるCO_2について、排出量に見合ったCO_2の削減活動に投資すること等により、排出されるCO_2を埋め合わせる（オフセット）という考え方である。

企業の関心が特に高まっているのがボランタリークレジットである。オフセットクレジットとも言うが、再エネの導入やエネルギー効率の良い機器の導入（＝削減プロジェクト）もしくは植林等の森林保全（＝吸収プロジェクト）により実現できたCO_2削減・吸収量を、決められた方法に従って定量化し取引可能な形態にしたものである。

ここでは昨今、自動車関連企業による活用が相次ぐ、森林保全により創出されるクレジットにフォーカスする。

ボッシュは2020年にスコープ1・2で炭素中立を実現

自動車部品世界最大手の独ロバート・ボッシュ（以下、ボッシュ）は2020年1月11日にCESにて、自社の事業所のCO_2排出を実質ゼロにし、カーボンニュートラルを2020年に達成したと発表した。[注9] ボッシュは2019年に自社の世界約400カ所の拠点において、2020年にカーボンニュートラルを目指すと発表していたので、予定通りに達成したことになる。なお、CO_2排出削減の対象範囲はスコープ1とスコープ2であった。

どのようにカーボンニュートラルを実現したか。図表3-8にまとめているが、ボッシュは2018年対比で2020年に326万トンのCO_2を削減している。要因別でみると、スコープ2の領域である太陽光発電を中心としたグリーン電力の購入が削減量の62・7%を占めた。その次に大きな削減要因となったのがカーボンオフセットとなっており、オフセットクレジットの購入で28・8%の削減を実現した。その他の要因としては、工場における省エネ活動の促進や太陽光パネルの設置による再エネの自家発電を増やしたことで、スコープ1の脱炭素を進めた。カーボンオフセットを上手く活用したというのがポイントである。

なお、ボッシュのミヒャエル・ボッレ最高技術責任者（CTO）はカーボンニュートラル達成の発表と同時に、2030年までにスコープ3まで含めたサプライチェーン排出量を現在の

図表3-8　ボッシュはオフセットクレジットでカーボンニュートラルを実現

（万トン、年）	2018	2019	2020
ネットCO_2排出量	**326**	**194**	**0**
カーボンオフセット（クレジット購入）	0	−26	−94
CO_2排出量	**326**	**220**	**94**
スコープ1	47	47	49
生産	39	38	35
輸送	7	8	12
揮発性有機化合物（CO_2換算）	1	1	2
スコープ2	279	173	45
電力	269	164	36
地域冷暖房・蒸気	10	9	9

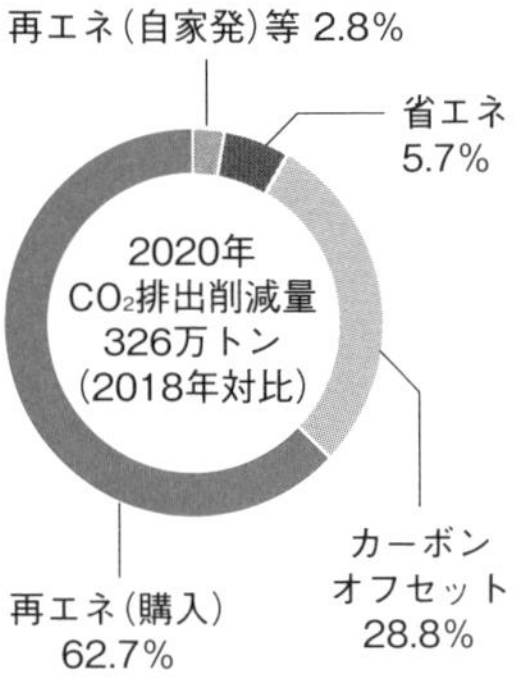

出所：ボッシュ公表資料[注10]を基に筆者作成

水準より15％削減するという目標を掲げた。そして、前述の削減要因にて、今まで以上の積極的な脱炭素化を推進することで、2030年のCO_2削減量（2018年対比）に占めるカーボンオフセットの寄与度を最大で15％に抑えるという定量目標も設定した。オフセットクレジットへの依存度を下げて、直接的に脱炭素に寄与する取り組みに邁進し、気候変動対策により強くコミットする姿勢を強調したのである。

森林由来クレジットと再エネクレジットを取得

ではボッシュはどのようなオフセットカーボンを購入したか。第一に、ゴールドスタンダード（Gold Standard）が認証した環境保全プロジェクトで、パナマでの森林保全活動により創出された森林由来クレジットが挙げられる。なお、ゴールドスタンダードは、京都議定書の中で導入されたCDM（クリーン開発メカニズム）というプロジェクトの質の高さに関する認証基準である。CDMは先進国が新興国で実施するCO_2排出削減への取り組みを資金や技術で支援し、達成した排出削減分を両国で分配することができるという制度である。CDMの目的は新興国でのGHG削減に寄与することと、その国での持続可能な発展に貢献することであると条文で明記されている。従って、ゴールドスタンダードはCO_2削減につながると同時に、SDGsの達成を支援するためのツールであり、クレジットの買い手に対してはクレジットの質を保証するものである。

ボッシュが購入したもう一つのオフセットクレジットは、フィリピンにおける風力発電プロジェクトから創出された再エネクレジットである。このクレジットは世界最大のクレジット制度を運営するヴェラ（Verra）のVCS（Verified Carbon Standard）という国際的な測定・認証基準を満たしたものである。

VWのEVは森林由来クレジットでカーボンフリーに

昨今、グローバル企業が世界中で森林由来クレジットを取得することが活発化しているが、自動車メーカーの中では特にVWが積極的である。

VWは2019年9月から、インドネシア・ボルネオ島の中央カリマンタン州での森林保全プロジェクトに参画している。同プロジェクトは15万ヘクタールの森林をカバーし、ゴールドスタンダード、ＶＣＳ、ＣＣＢ（Climate Community and Biodiversity Standard）といった国際認証を受けている。ＶＷは同プロジェクトの参画により、年間７５０万トンのCO_2排出量を相殺できる森林由来クレジットを取得している。同社の主力ＥＶである「ＩＤ・３」にこのクレジットをオフセットで利用することで、同モデルのサプライチェーン排出量は実質ゼロとなり、顧客に届くこの車は同社初のカーボンニュートラルなＥＶになった。[注11]

ＶＷはこの森林保全プロジェクトを英パーミアン・グローバル（Permian Global）と共同開発している。２０２０年６月、ＶＷはこの共同開発をスケールアップし、初期段階として南米とアジア地域で合わせて１００万ヘクタールにまで拡げていくという構想を発表した。独ベルリン市の面積の10倍にもなる大規模なものとなる。[注12]

アップルは森林再生基金を設立

次章でも取り上げるが、アップルはＥＶに参入する可能性がある。そのアップルもカーボンオフセットに積極的である。

アップルは２０２１年４月15日、ＧＨＧ削減の取り組みとしては初となる「再生基金（Restore Fund）」の設立を発表した。[注13] これは大気中からCO_2を削減することを目指している森林プロジェクトに直接投資することで、投資家が金銭的なリターンを得るというものである。環境保護団体のコンサベーション・インターナショナル（Conservation International）

や投資銀行ゴールドマン・サックスと共同で立ち上げる総額2億ドルのファンドとなる。大気中から少なくとも年間１００万トンのCO_2を削減すること（乗用車20万台分の燃料に匹敵）を目指す一方で、実現可能な財政モデルを提示することにより、森林再生に向けた投資活動を拡大することを目的としている。

アップルはバリューチェーン全体を２０３０年までにカーボンニュートラルにすることを目指している。サプライチェーンと製品において、２０３０年までに直接的に削減できるCO_2は75％分を見込んでいるが、アップルが排出する残り25％分は、この基金を通じて大気中からCO_2を削減することで解決しようと考えている。すなわち、25％分は森林由来クレジットでオフセットするということである。

マングローブ林でのブルーカーボン吸収に注力

アップルは米国、中国、コロンビア、ケニアで合わせて40ヘクタールの森林を管理している。そのうち、特に力を入れているのはコロンビアであり、ブルーカーボンの吸収でクレジットを創出するという特徴的なプロジェクトを行っている。

ブルーカーボンとは海域で吸収・貯留されているCO_2のことで、２００９年に国連環境計画（ＵＮＥＰ）によって定義された言葉である。森林など陸域で吸収されるものをグリーンカーボン、海域のものをブルーカーボンと区別する。ブルーカーボンは海草藻場（アマモ場など）やマングローブ林、塩性湿地などの植生のある浅海域生態系の堆積物中に多く貯留されている。これらの生態系は大気中のCO_2の吸収源になっているが、特にマングローブ林は地上の熱帯雨林の10倍ものスピードでCO_2を吸収し、吸収されたCO_2は半永久的に海底泥内で貯留・固定化される。陸域の森林土壌の場合、空気中の酸素に触れるため、有機炭素は数十年単位で分解が進行する。従って、陸域の森林よりもマングローブ林の方が同じ面積で吸収するCO_2の量が多く、クレジットを創出する力が強い。

アップルは2018年にコロンビアのシスパタベイ（Cispata Bay）の約1万ヘクタールのマングローブ林を購入し、地元自治体や環境保護団体とともに再生プロジェクトを行っている。アップルがプロジェクト参画するまで、シスパタベイのマングローブ林の面積は違法伐採や魚の乱獲などにより減少傾向にあった。

ブルーカーボンの削減努力が通貨になる

2021年5月6日にコンサベーション・インターナショナルは、このプロジェクトがブルーカーボンの吸収量とそれによる森林由来クレジットを完全に定量化した世界初の取り組みとなったと発表した。[注14] それまでは、マングローブ林で創出されるクレジットの算出にあたっては、熱帯雨林を対象とした測量方法が用いられていた。この度、マングローブのCO_2吸収量の6割を占める海底泥内でのブルーカーボン吸収量が測量・計上され、それを基にしたオフ

図表3-9　アップルはマングローブ林でブルーカーボンクレジットを創出

出所：Apple

セットクレジットがＶＣＳ認証により創出された。マングローブ林におけるブルーカーボンの削減努力が、その価値をより正確に反映した「通貨」として認められたのである。

日本にもチャンス
国内カーディーラーは要注目

ここまで海外における森林由来クレジットのユースケースを取り上げたが、日本にもチャンスがある。国連によると日本の森林率（＝森林面積／国土面積）は69％と、フィンランドに次いで世界2位である。[注15] また、日本の海岸線の距離は約３万４０００㎞と地球1周の85％近くになり、世界6位に位置する。グリーンカーボンとブルーカーボンの双方で、クレジットを創出する機会が豊富にあると言える。

日本においても、陸域と海域におけるCO_2の吸収に関する研究や実証実験が数多く行われている。国が認証するJ-クレジット制度を活用して森林由来クレジットを創出することは可能だが、まだその取引規模は小さい。ブルーカーボンを含めたボランタリークレジット市場が今後拡がるようであれば、自動車関連企業も注目すべきであろう。

特に、森林・海洋資源が比較的豊富な地方をよく知る国内カーディーラーは、地元で森林由来クレジットを獲得し、カーボンニュートラル実現のためにクレジットを探している自動車メーカーにそれを売却するといった方法を模索することができる。

森林でのクレジット創出を新規事業とすることは、あながち非現実的なものでもない。トヨタ系ディーラーである神奈川トヨタは、1998年から神奈川県の「森林再生パートナー制度」に参画している。[注16] 神奈川県内での森林の再生に取り組むことで、森林整備によるCO_2吸収量が算定され、神奈川県が算定書を発行している。もっとも、このCO_2吸収量算定書は、排出量取引が制度化された場合のクレジットとして使用することはできず、ボランタリークレジットとしての認証をとるためのデータも揃っていない。しかし、将来的にカーボンクレジットの制度化が進めば、森林由来クレジットの市場性は高まり、森林経営に直接的、間接的に関与できる国内ディーラーにおいては新たな事業機会が生まれよう。

カーボンクレジットはあくまで過渡期対応の位置づけ

2021年6月3日、アマゾンやマイクロソフトなど大手8社は、CO_2排出量の削減や環境投資を促進する団体「ＢＡＳＣＳ（Business Alliance to Scale Climate Solutions）」を立ち上げた。[注17] 参加企業は国連環境計画などと連携し、CO_2排出の絶対量削減に取り組む。企業がクレジット購入によるカーボンオフセットに依存することを抑制し、排出抑制効果の高い投資の実行を目指している。

カーボンオフセットは、オフセットを行う主体自らの削減努力を促進する点で、これまでCO_2の排出が増加傾向にある企業の取り組みをサポートすることが期待される。一方、オフセットするための削減活動が実質的なCO_2の削減に結びついていない事例への指摘がある。また、オフセットが自ら排出削減が行われないことの正当化に利用されるべきではないことの認識が共有されなければならない、といった意見もある。

企業の排出削減努力が続き、脱炭素技術の開発と導入も進むと、カーボンクレジットの必要性はなくなっていく。カーボンニュートラルに向けて、カーボンオフセットはあくまで過渡期対応という位置づけに過ぎないといえる。カーボンニュートラルを実現させるための切り札は、本質的にはカーボンリサイクル技術を活用することとなる。次節ではカーボンリサイクルについて説明する。

5 ネットゼロの切り札はCCUS——デンソーが始め、テスラも熱視線

近年、CO_2の排出を抑制するだけでなく、それを回収して利用できる技術であるCCUS（CO_2 Capture, Utilisation and Storage）が注目されている。CCUSは様々なステークホールダーを巻き込み、新しいビジネスを創造する可能性を秘めている。CCUSはカーボンリサイクル（炭素循環）、ネガティブカーボン技術とも呼ばれている。

CCUSの手段は主に2つある。まず、IPCCが2005年に報告書を発行してから注目されるようになり、長年研究されてきたCCS（CO_2の回収と貯留：CO_2 Capture and Storage）がある。CCSは工場や発電所などから発生するCO_2を大気放散する前に回収し、地中貯留に適した地層まで運んで、長期間にわたって安定的に貯留する技術である。

そしてもうひとつは、最近になって研究が活発化しているCCU（CO_2の回収と利用：CO_2 Capture and Utilization）である。CCUは回収したCO_2を有効活用し、新たな商品やエネルギーに変えることでCO_2回収の経済性を高める技術として注目されている。

本節では、ＣＣＵのユースケースとして、自動車部品大手のデンソーによるＣＯ$_2$循環プラントを取り上げる。また、テスラのイーロン・マスクＣＥＯもＣＣＵＳを新事業として取り込むことを検討し始めていることも説明する。

デンソーはＣＯ$_2$循環プラントの実証実験を開始

デンソーは２０３５年までにカーボンニュートラルを目指すために取り組む領域として、従来のモビリティ製品やモノづくりに加え、新たに「エネルギーを利用」することにも注力している。そして、カーボンニュートラルの達成には、①エネルギー利用の効率化を進める（省エネ）、②化石燃料から再エネへの切り替え、③ＣＯ$_2$を回収する（炭素循環）、というステップが必要とのことだ。

特にモノづくりにおいては、工場で使用するエネルギーに再エネを使用するとともに、生産設備の省エネ化と電化を進めている。しかし、電化が困難である、例えば溶解炉のような設備ではＣＯ$_2$の排出を回避することができないため、そこで発生したＣＯ$_2$を回収し再利用することを考えている。すなわち、ＣＣＵを活用するということである。

そこで、デンソーは工場で発生するＣＯ$_2$を回収し、エネルギー源や他の材料に循環利用するＣＯ$_2$循環プラントを豊田中央研究所と共同開発した。そして、２０２１年４月７日に、このプラントを愛知県安城市にあるデンソー安城製作所内のＥＩＣ（電動開発センター）という、実際に製品を製造している工場の中に設置して実証実験を始めた。[注18] なお、デンソーは自動車の電動化領域の開発と生産体制を強化するために、ＥＩＣを２０２０年６月５日に開所したが、同センターは世界シェアで約２割を誇るインバーターやモータージェネレーターなどの電動化製品の先行開発、試作、実証、量産を一貫して行うことができる拠点となっている。

現在の実証実験は社内の小さな発電機を対象にしているが、将来はアルミ溶解炉などより大きな工場の生産設備への適用を考えている。

デンソーはCO_2循環プラントを２０３０年までに事業化し、２０３５年に売上高で３０００億円を目指しているとのことで、ＣＣＵを社内での利用にとどめず、積極的に外販し、新規事業として注力していくのである。

メタネーション技術を活用

では、デンソーのCO_2循環プラントはどのような仕組みになっているのか。図表３－10でシステム図を示す。CO_2循環プラントは、発電用ガスエンジンから発生するCO_2を回収して循環利用するプロセスを実証している。

CO_2循環プラント内の施設はメタンガスを燃焼して発電するガスエンジン、ガスエンジンの排ガスに含まれる水分を除去する脱水器、CO_2を回収するCO_2回収器、回収したCO_2と合成する水素を生成する水素発生器、ガスエンジンに供給するメタン（CH_4）を回収したＣ

図表3-10　デンソーのCO_2循環プラント
（左上：外観、右上：内部の様子、下：システム図）

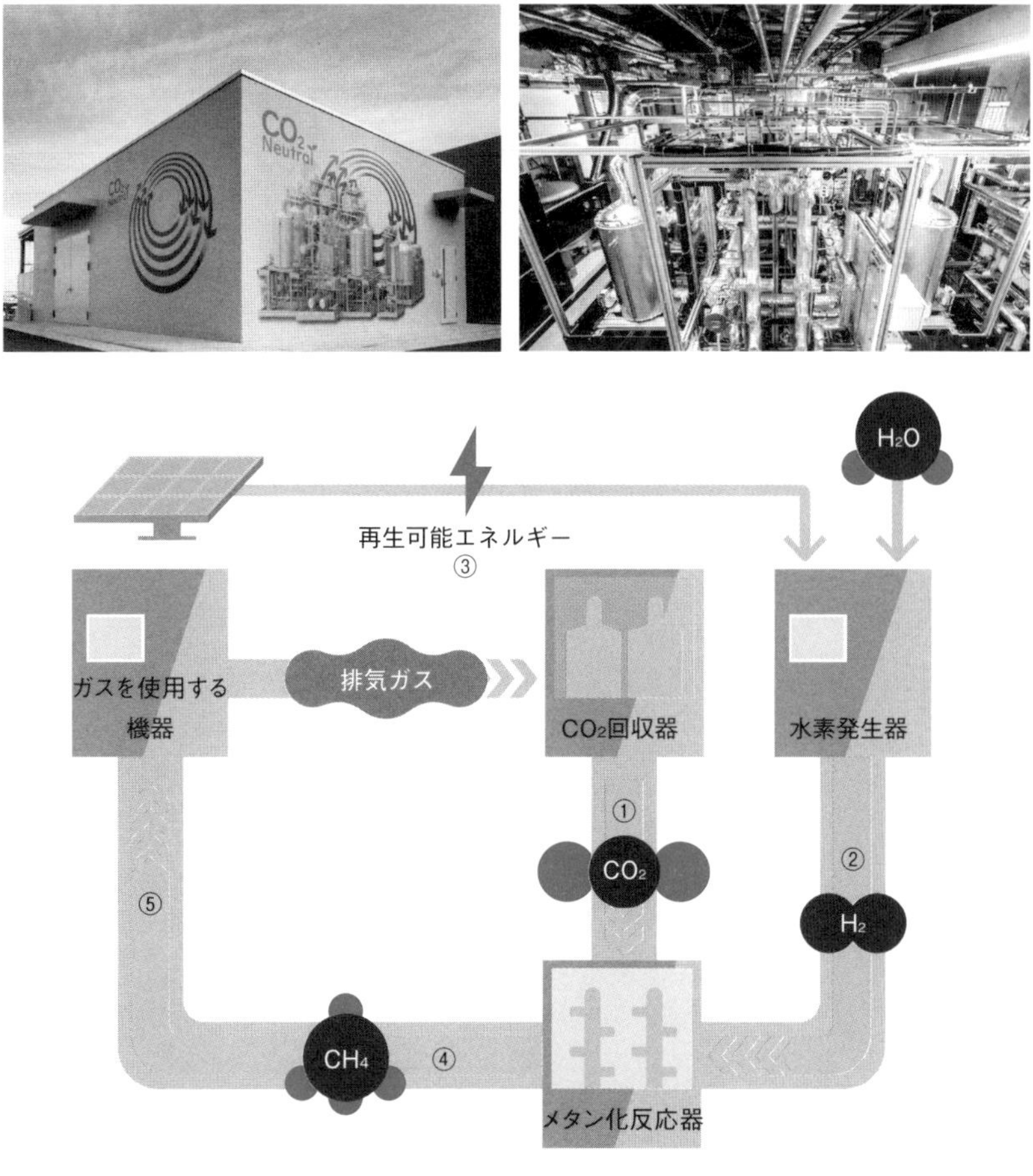

出所：デンソー公表資料に筆者が一部加筆

O_2と生成した水素から合成するメタン化反応器、から構成されている。

CO_2と水素から天然ガスの主成分であるメタンを生成する技術をメタネーション(Methanation)と言う。

一連のプロセスはこのようになる。CO_2回収器はガスエンジンの排ガスに含まれるCO_2を回収する設備であるが、CO_2回収器内の温度と圧力を最適制御することにより、吸着したCO_2を脱離してタンクへ回収する(図表内の①)。水素発生器では、CO_2と反応させる水素を水の電気分解で生成する(②)。電気分解する際に使用される電力は工場内に設置された太陽光発電を利用することで、一切CO_2を発生させることなく水素を生成することができる(③)。メタン化反応器は、メタンを生成する触媒層と触媒反応温度を制御するオイル層から構成されているが、CO_2回収器が回収したCO_2と水素発生器で生成した水素を使ってメタンを生成する(④)。生成したメタンは再びガスエンジンへと送り出すことで(⑤)、CO_2をこの設備内で循環させている。

このようにCO_2循環プラントでは、CO_2を燃料化し再利用することで、炭素の循環利用を行うのである。

イーロン・マスク氏はCCUSの技術開発に懸賞金

テスラのイーロン・マスクCEOは2021年1月22日、「最高の炭素回収技術に対して1

図表3-11　イーロン・マスク氏は最高の炭素回収技術に寄付する

出所：Twitter

億ドルを寄付する」とツイッター上で突如発表した（図表3－11）。

その詳細は2月8日に明らかになった。[注19] 人類の重要課題の解決を目指す賞金付きコンテストの考案・開催で世界的に有名な米NPOのXプライズ財団（XPRIZE Foundation）が、大気や海水中からCO_2を回収する技術を競うコンテストを開始すると発表した。賞金はイーロン・マスクCEO及び自身が会長を務めるマスク財団（Musk Foundation）が合わせて1億ドルを拠出し、4年間かけて全世界の参加団体がCO_2回収技術を競う。

そして、マスクCEOはバイデン政権が主催する気候変動サミットの開催に合わせて4月22日に、コンテストに関して、2021年秋から始まるスケジュールや審査方法などを明らかにした。コンテストでは年間1000トンのCO_2を大気中から回収する技術を競うということにした。

クレジット依存からの脱却を急ぐ

実は、マスクCEOには、CCUSの探索を急ぐ理由がある。それは、テスラが2021年第1四半期（1～3月）まで7四半期連続で黒字化を果たした背景にあった、CO_2クレジットの売却益が早期に大きく剥げ落ちる可能性が高まり、クレジット依存からの脱却を急がなければならないのである。

EV専業メーカーのテスラは、エンジン搭載車を販売する自動車メーカーへのクレジット販売を収益源のひとつとしている。そのテスラがクレジット売却益に頼れなくなるということを意味するが、それはなぜか。その理由は、2021年1月1日に自動車メーカー大手のフィアット・クライスラー・オートモービルズ（FCA）と仏グループPSAが合併して誕生したステランティスが5月5日、欧州の環境規制に対応するためにテスラと結んでいたクレジット売買契約を解消すると発表したからである。[注20]

ステランティスは2020年に3億5000万ドルをテスラに支払ったとしているが、これはEUが定めたCO_2排出目標の達成が困難だった旧FCAがテスラからクレジットを購入していたということである。しかし、今後は旧FCAのブランドが旧PSA所有の電気技術を活用することで、CO_2排出量の少ない車を生産し、新生ステランティスとしてはクレジット購入を必要としない環境が整ったというのが、契約解消の理由となった。ステランティスはテスラからクレジットを買う必要がなくなったのである。

ステランティスに限らず、他のメーカーもＥＶ化でテスラをキャッチアップしてくるため、テスラのクレジット売却益は更に減少する。もっとも、テスラはクレジット収益を元手にＥＶの生産能力を拡張中であるため、これからはクレジットに頼らずともＥＶの大幅な販売拡大により、ＥＶメーカーとしての本業の収益が改善する可能性も高い。

前述のとおり、CO_2クレジットはカーボンニュートラルに向けた過渡期対応としての政策という位置づけである。ネットゼロ実現のためには、中長期的でＣＣＵＳを中心としたネガティブカーボン技術を取り入れる必要がある。自動車業界の風雲児であるイーロン・マスク氏も熱視線を送る、ＣＣＵＳの技術開発とビジネス実装に向けた動きは今後一層活発になるのは間違いない。

Mobility ZERO

第4章

アップルのEV参入が意味するもの

1 トヨタはＴＳＭＣの上客にあらず——ヒエラルキー崩壊

ここまでは、カーボンニュートラルを実現するために自動車関連企業がいかにして脱炭素化を進めればよいかという方法論について説明した。その中で、スコープ３対応が重要だと述べたが、人やモノを運ぶ輸送段階における脱炭素を実現するためには、それらを運ぶ車両がＥＶであることが必要だ。従って、世界各国が相次いでカーボンニュートラルを目標に掲げる中、車がＥＶ化するトレンドは今後一層加速していく。

本章では、ＥＶ化が進むことによって、自動車の産業構造がどのように変わるのか、そして自動車・モビリティ企業はＥＶを中心にどのような提供価値を追求し、いかにして事業収益を上げて生き残るかについて説明する。

半導体なしには車はつくれない

世界的な半導体不足の問題が続いており、一部の自動車メーカーの生産ラインが稼働を停止せざるを得ない状況に陥っている。まずこの問題をおさらいすることから、ＥＶ化がもたらす産業構造の変化、すなわち水平分業化の流れが生まれている背景を説明していきたい。

自動車には数多くの半導体が搭載されている。図表４－１で示すが、自動車で最も多く使われる半導体はマイコン（マイクロコントローラー：Microcontroller）と言われる集積回路（ＩＣ：Integrated Circuit）の一種で、小型の中央処理装置（ＣＰＵ：Central Processing Unit）を中心に各種入出力デバイスなどを備えた組込み型コンピューターである。通常、自動車に搭載されている組込み型コンピューターを電子制御ユニット（ＥＣＵ：Electronic Control Unit）と呼ぶ。

厳しい排ガス規制に対応するためにエンジンの電子制御化が進んだ１９７０年代から、自動車にＥＣＵが搭載されるようになった。燃料噴射装置や点火プラグ、吸排気装置などのメカニカル機構の作動によって変えられるエンジンの回転数や吸排気時間、燃料濃度、燃焼時間や燃料率などを外部環境変化に合わせて適切に調整するため、それらの最適値をはじき出す演算とメカニカル機構を電子制御するコンピューターとしてＥＣＵが必要になった。現在、ＥＣＵの役割はエンジン制御にとどまらず、パワーステアリング、アンチロック・ブレーキシステム（ＡＢＳ）、エアバッグ、エアコン、スピードメーターなど、自動車の電気的要素を持つあらゆる箇所を制御している。そして昨今では、これら複数のＥＣＵが担っていた機能をひとつのＥＣＵに集約した統合ＥＣＵの開発が活発化し、その搭載も進んでいる。

図表4-1　半導体の主な分類

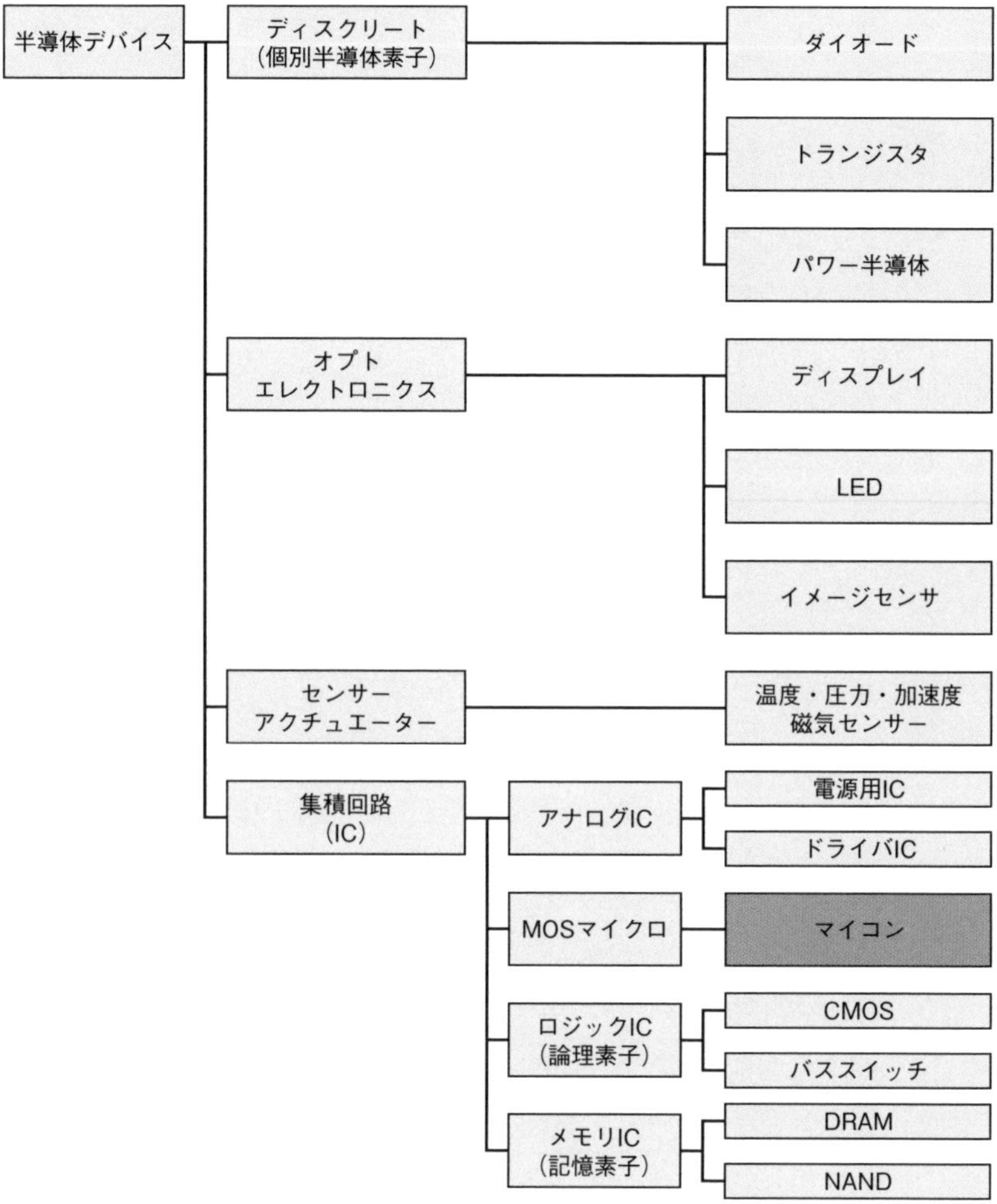

出所：筆者作成

現在市販されているエンジン車には統合ＥＣＵも含めて、50～１００個のＥＣＵが搭載されており、高級車では百数十個も搭載されている。ＥＶでは、動力源がエンジンからモーターに、エネルギーの供給源が燃料タンクから車載電池に代わることで、電子制御する部分が増えるため、車のＥＣＵへの依存度は一層高まる。エンジン搭載車でさえＥＣＵがひとつでも欠けてしまうと、車はカタログ通りに正常に機能しない。ＥＶ化が進むと、現在すでに目の当たりにしている「半導体なしには車はつくれない」という状況がより一層深刻化したり、半導体の奪い合いが激化する中で調達難が恒常化するおそれがある。必要な数の半導体を調達できない自動車メーカーは、車の高機能化で差別化できず、増産さえも困難になる。結果、収益悪化により淘汰される可能性が高まる。

半導体不足問題の発生

半導体不足問題がなぜ発生したかを説明する。半導体需給が逼迫することは、いわば恒例行事であり、ＩＴの技術革新により半導体産業では、好不況を3～5年で繰り返す「シリコンサイクル」が起こる。

ちょうど今から4年前の２０１７年から２０１８年にかけて、人工知能（ＡＩ）やモノのインターネット化（ＩｏＴ）に関わる分野の成長が著しかったことで、半導体市場が従来よりも高い成長率を記録する、いわゆる「スーパーサイクル」が起きた。従来のパソコンやサーバー、携帯電話などに加え、スマホの機能強化、自動運転支援システム、生産現場のＩｏＴ、更にそれらを支えるＡＩ技術の開発設備、ビッグデータを保管するクラウドサーバー、そして仮想通貨のマイニング用サーバーなどの新市場が新たに台頭してきたのが背景にある。

２０１９年には米中貿易摩擦の不透明感などが要因で減速したものの、２０２０年から再びスーパーサイクルに突入している。これまでのＩＴの発展が継続する中で、新型コロナウイルスのパンデミックがスーパーサイクルをより強力なものにした。コロナ禍でのロックダウンや外出自粛に伴い、ゲーム機器販売やネット通販利用の増加、動画のネット配信の拡大によるサーバーの追加需要などが発生したからだ。結果として、半導体の需給逼迫が深刻化し、世界的に不足する状況に陥った。

車載用半導体の不足が深刻

その中で、なぜ自動車向け半導体の供給不足が他の産業より深刻となり、自動車メーカーが減産せざるを得なくなったか。図表４－2を使って説明する。事の発端は、２０２０年12月18日に米国商務省産業安全保障局（ＢＩＳ）が、中国のファウンドリー（半導体受託生産会社）大手の中芯国際集成電路製造（ＳＭＩＣ）を安全保障上問題がある企業を並べた「エンティティ・リスト（Entity List）」に追加するという制裁を課したことにある（図表内①）。これにより、半導体製造装置や素材をＳＭＩＣに販売したい輸出業者は、事前に商務省へライセンス

図表4-2　半導体サプライチェーンと車載半導体が供給難に陥った背景

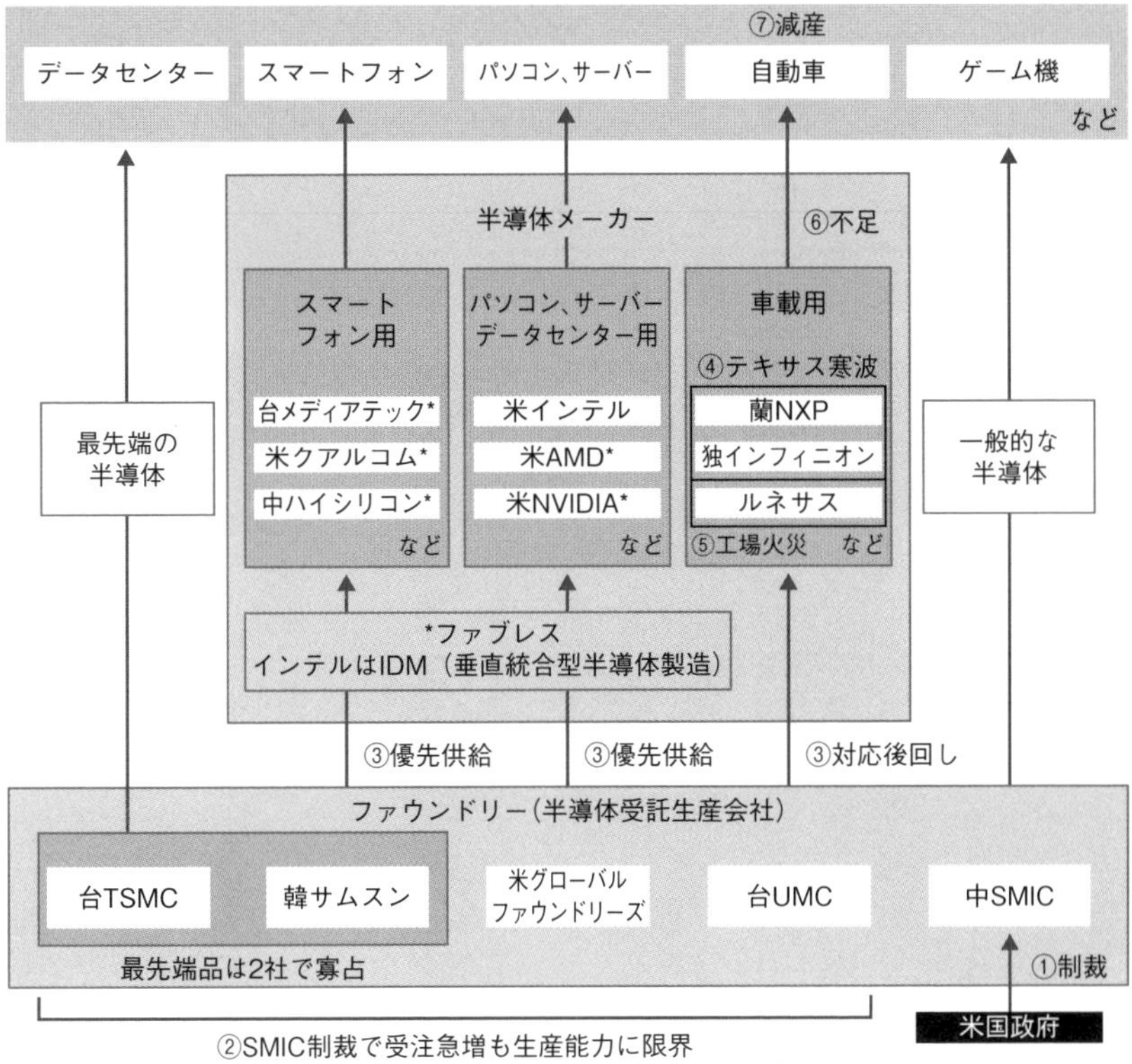

出所：筆者作成

（輸出許可証）の申請を行うことが必要となった。これは事実上の禁輸措置の発動であり、この動きをみて半導体メーカーはＳＭＩＣ以外のファウンドリーへの発注を増やした（②）。

すでに半導体需給が逼迫している中で、生産能力が限界に近いファウンドリー各社はスマホやパソコン、サーバー、データセンター向けの半導体を優先供給する一方で、車載用半導体の供給対応は後回しするようになった（③）。車載用が後回しにされる理由は、スマホやパソコン等は最先端で高収益な半導体を使う一方で、車載用は数世代前で採算性の悪いレガシー品が多いためである。コロナ禍で自動車生産が落ち込んだ時に、自動車メーカーやサプライヤーは部品在庫を最小限に抑えるジャストインタイム方式に則って半導体の発注を一気に絞った。結果、高収益な自動車以外の産業向けに供給を増やしたファウンドリーには、自動車生産が急回復した時に車載用で半導体を生産する余力（能力）が残されていなかった。

そして、車載半導体メーカーにおいては不運が相次いだ。２０２１年2月中旬に半導体企業が集積する米テキサス州オースティンを記録的な寒波が襲い、マイコンの売上高で世界シェア首位の蘭ＮＸＰセミコンダクターズや同3位の独インフィニオンテクノロジーズの工場が大規模停電のため稼働を停止した（④）。

さらに、世界シェア2位の日本のルネサスエレクトロニクスでは3月19日、同社主力工場である那珂工場（茨城県ひたちなか市）で火災が発生した（⑤）。結果として、車載用半導体の不足が他の産業向けと比べて深刻なものとなり（⑥）、多くの自動車メーカーが一時的に生産ラインを停止して減産するまでに陥った（⑦）。生産再開はＮＸＰとインフィニオンが3月、ルネサスは4月となったが、半導体工場は一度ストップすると、歩留まり（全生産品における良品の割合：良品率）を一定水準にまで上げるのに数カ月を要する。加えて、新型コロナウイルスのデルタ株のパンデミックにより、マレーシアにあるインフィニオンやＮＸＰなどのマイコン工場の稼働が6月から不安定になっている。トップ3社合計の出荷数量が寒波や火災、パンデミック前の水準に戻るのは2021年秋以降になろう。

自動車メーカーとサプライヤーの立場が逆転

車載半導体の不足問題では、寒波や火災といったアクシデントやパンデミックが影響したが、構造的な課題も浮き彫りになった。それは、車載半導体の供給がファウンドリーの世界最大手である台湾積体電路製造（ＴＳＭＣ）に依存している構造となっており、ＴＳＭＣのさじ加減で世界の自動車生産は大きく変動し得るということである。自動車メーカーとサプライヤーの立場が逆転しているのである。

ＴＳＭＣに依存するのは、自動車の性能に大きく影響する半導体の先端品を、ＴＳＭＣしか生産していないということが背景にある。

コンピューターの性能は、半導体基板材料であるシリコン結晶でできた1枚のウエハー（シリコンウエハー）上に形成されるトランジスタ等の半導体素子の数で決まる。なお、トランジスタとは集積回路（ＩＣ）のチップ上において信号を増幅またはスイッチングさせる半導体素子のことである。半導体の製造工程では、このウエハー上に半導体素子を作り、金属で配線して集積回路を作る前工程と、ＩＣをパッケージにして製品にする後工程に分かれる。この前工程を担うのがＴＳＭＣやサムスン電子といったファウンドリーになる。この配線の幅を線幅（プロセスルール）と言い、半導体は回路の線幅を微細にするほど（微細化）、性能が高まる。最先端の半導体の線幅は現在、５ナノメートル（ナノは10億分の１：㎚）となっており、アップルのｉＰｈｏｎｅやｉＰａｄに搭載される最新型のプロセッサー等が該当する。

ほとんどの車載用半導体は線幅が40ナノより大きいもので、先端品に比べ古い世代の半導体である。また、車載用の中でも先進運転支援技術（ＡＤＡＳ）を支えるような次世代型となる統合ＥＣＵは、線幅が28ナノや16ナノといったものがあるが、それでもファウンドリーからしたら先端品とは言えない。なお、ルネサス那珂工場の最新ラインで対応できるプロセスルールは40ナノまでであり、ルネサス含む車載半導体メーカーのほとんどは、より微細な先端品をファウンドリーに生産委託している。

ファウンドリーにおける微細化競争はＴＳＭＣと韓国サムスン電子の２社だけがしのぎを削っている状況で、ファウンドリー市場の世界シェアはそれぞれ56％、18％と両社だけで70％を超えている。[注1] なお、サムスンは車載用をほとんど扱っていないため、世界中で車載用での先端半導体はＴＳＭＣが牛耳っていると言える。

図表4-3　TSMCにとって先端品でない自動車向け半導体は儲からない

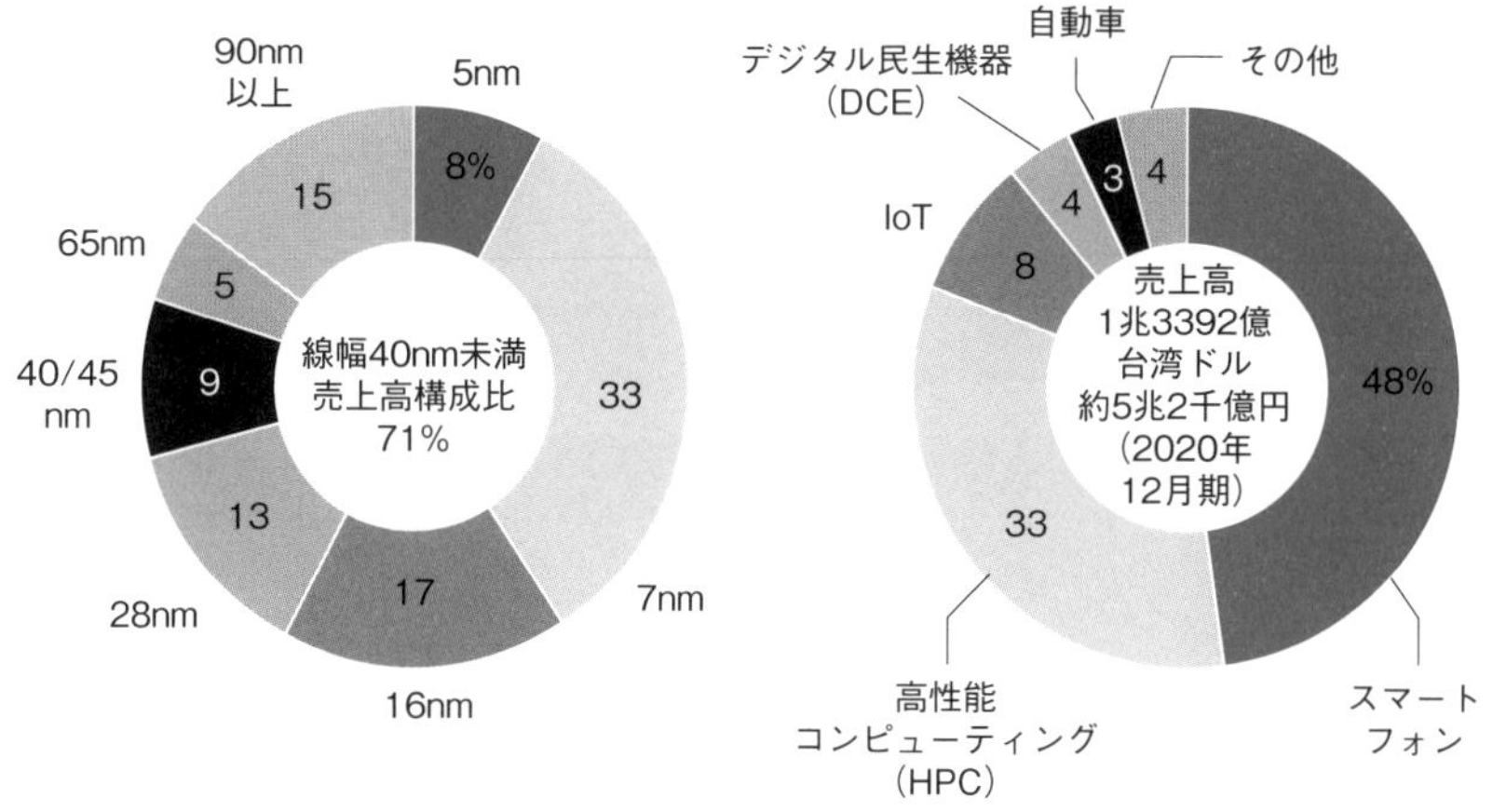

出所：TSMC決算説明資料を基に筆者作成

図表４―３はＴＳＭＣの２０２０年度の売上高の中身を示しているが、プロセスルール別で線幅40ナノ未満の先端半導体の売上構成比が70%を超えている。顧客をみると、スマートフォンやパソコンと、データセンターを含む高性能コンピューター向けに多くの半導体を供給している。一方で、自動車向けはわずか３%である。顧客別での収益性は開示されていないが、自動車向け半導体は技術が前世代のものであるにもかかわらず、品質要求度が高く生産ライン認定も必要であるため、コストがかさむことから収益性は低い。半導体の前工程の生産設備は投資金額が非常に大きいため、ファウンドリー各社は高収益な先端品の製造における設備増強を優先する。

自動車メーカーは今後、ＥＶ化の進展で

高度な電子制御を要する統合ＥＣＵをより多く搭載する必要があり、先端半導体の生産能力があるＴＳＭＣを今以上に頼らざるを得なくなる。もっとも、ＴＳＭＣとしては、５ナノや７ナノといった最先端の半導体をアップルなどのスマホやパソコンメーカー向けに供給を優先したい。ＴＳＭＣにとって自動車メーカーは、世界市場でトップシェアを誇るトヨタであっても上客にはならないのである。

半導体の調達力が高いアップルがEVに参入する

ＴＳＭＣにとっての最上位顧客はアップルである。そのアップルがＥＶに参入すると言われている。アップル自身はＥＶへの参入はまだ公表していないが、現代自動車など海外の自動車メーカーなどから「アップルカー」を生産する可能性をほのめかすような声が出始めている。

アップルがＥＶに参入し、ｉＰｈｏｎｅと同じように開発や設計は自社で行い、生産は外部委託するという憶測はかねてあった。自動運転技術に関わる技術の特許を米国で取得したことも明らかになったように、アップルが自動車産業に参入する興味があることは明確になっていた。そして、今また参入観測で盛り上がっているが、その震源地は台湾、韓国となっている。２０２０年12月から「アップルカー騒動」が過熱化しているが、半導体不足が深刻化し、両国が半導体産業の活況を享受し始めたタイミングと重なる。アップルカーは２０２３年から２０２４年にかけて発売されると噂されているが、それが本当であるならば、アップルが今、車両の生産委託先やサプライヤー候補企業にＲＦＱ（見積依頼書）を送付していても違和感はない。

半導体の調達力が高いアップルがＥＶを引っ提げて自動車産業に参入する。既存の自動車メーカーは、これを迫りくる脅威として認識する必要がある。アップルカーはまだ発表されていないが、次節で詳述するように、アップル向けのビジネスで成功を収めた台湾の鴻海精密工業は２０２０年10月、ＥＶ用プラットフォームを開発するアライアンスを立ち上げた。すでに世界中から１８００社近くが同アライアンスに参画し、スマホやＰＣで実践された水平分業型の新しい自動車ビジネスの構築を目指している。アップルカーの登場は自動車産業の前提となりつつあり、半導体不足が業界の大変革に拍車をかけているのである。

2 世界を驚かせた中国製ミニEV——グローバル化の兆し

テスラ超えの大ヒット

2020年7月下旬、世界を驚かすEVが中国で発売された。中国国有自動車大手の上海汽車集団傘下でGMも出資する上汽通用五菱汽車（ウーリン：以下、五菱）の格安EV「宏光MINI EV」（ホンガンミニEV：以下、宏光ミニ）というモデルで、中国で発売後すぐに大ヒットした。車名別EV販売ランキングで、同モデルの2020年の年間販売台数は11万9千台とテスラ「モデル3」（14万台）に次ぐ第2位となったが、販売月数で割った月平均販売台数でみると、宏光ミニは1万9875台で、モデル3の1万1660台を上回った。また、直近の2021年5月単月の販売実績は、宏光ミニが2万6742台でトップを独走し、2位テスラのモデルYの1万2728台、3位同モデル3の9208台を大きく突き放しており、販売の勢いは衰えるばかりかむしろ加速している。[注2]

大ヒットした最大の要因はその価格にある。五菱は小型商用車を得意としていたが、満を持して出した同社初の乗用ＥＶを最低価格2万８８００元（約49万円）で売り出し、地方を中心に人気を博している。全長２・９メートル、全幅１・５メートルと日本の軽自動車と同等のサイズで3ドアでありながら4人乗り。家庭用コンセントから充電でき、ＥＶ専用の充電器を備え付ける必要はない。一戸建てが多い農村を含む地方の移動手段として人気を集めている。地方では、一般的な自動車には手が届かず、安価な電動カートのような簡易な乗り物を日常の足にしてきた人々が多かったが、格安ＥＶが新たな選択肢に加わったのである。電動カートと違い、ＥＶであれば自動車保険に加入できるというメリットもある。

街乗り用として実用的でデザインも良い

安い価格に対して性能はどうか。宏光ミニは2種類のリチウムイオン電池搭載モデルから選択できるが、ＥＶの性能で最も重要な充電1回あたりの航続距離は旧欧州基準（ＮＥＤＣ）でそれぞれ１２０㎞、１７０㎞である。後者を選択すると車両価格は3万８８００元（約66万円）となるが、それでも安い。モーター出力は72馬力で最高速度は１００㎞である。

これまでも安価な小型ＥＶは数多く存在したが、鉛電池を搭載することなどから航続距離は50～60㎞程度と短く、最高速度も60㎞くらいのものがほとんどだった。

電池の容量をある程度確保して、航続距離を街乗り用としては十分で実用的なレンジに収めた一方、安全性能は基準を満たす最小限に切り詰め、エアコンもオプション設定となっている。

デザインも好評を博している。日本でもみられるように、サイズが小さく運転しやすいことだけでも女性が気に入りやすいこともあるが、車体や内装にアニメのキャラクターなどをデコレーションしたモデルをモーターショーなどで出展したことで、若い女性の間でコンパクトな車を思い思いに模様替えするのが「かわいい」とＳＮＳで人気が一気に広まった。２０２１年４月に行われた世界最大規模の上海モーターショーでも、オープンカータイプのコンセプトカーを発表して人気に拍車がかかり、海外からの注目も一気に高まった。

三菱自動車の製造ノウハウをベースに発展

上汽通用五菱汽車は中国の南西部に位置する人口４００万人の広西チワン自治区柳州市に本社を置く。中国の中でも決して豊かとは言えない地方都市で生まれた自動車メーカーで、国有企業の上海汽車集団と柳州五菱汽車（以下、五菱：２０１５年に広州汽車集団に社名変更）、そしてＧＭによる３社の合弁会社として２００２年に誕生した。柳州市に本社を置く五菱が１９５８年にトラクターを製造する柳州動力機械廠として創業したのがルーツとなる。１９８１年に微型汽車（日本で言う軽自動車）の製造計画が広西チワン自治区政府に承認されると、日本の三菱自動車の軽トラック「Ｌ１００（３代目ミニキャブ）」をベースとするプロトタイプの製造に着手した。１９８４年に国家検定をパスして、金型や製造設備、自動噴射塗装機などを日本含む海外から輸入し、１９８５年に柳州微型汽車廠として微型汽車市場に本格参入し、１９８７年に三菱自動車の製造技術を導入した軽バン「ＬＺ１１０ＶＨ」と三菱ミニキャブ（4代目）をベースとする軽トラック「ＬＺ１１０Ｐ」の生産を開始した。２００２年に3社合弁が設立されてからは、ＧＭのサポートもあって、ＧＭ傘下のシボレーブランドの一部車種を生産し、中国国内だけでなく南米やアフリカでも販売している。２０１５年にはインドネシアに工場を設立し、２０１７年7月に量産モデルの生産を開始した。

三菱と同じような社名である所以は三菱自動車から製造ノウハウを学んだことにあるが、後にＧＭとのアライアンスも加わって、中国でよくみられる有象無象の新興ＥＶメーカーとは違いモノづくりの経験値は高い。

地方居住者の生活実態を徹底的に研究

五菱が安さを実現できたのは、地方都市を中心とした消費者の生活実態を徹底的に研究したことが背景にある。五菱は２０１７年に宝駿（バオジュン：Baojun）というブランドで小型ＥＶ「宝駿Ｅ１００」を発売したが、同時に地元の柳州市の住民に対して、10カ月間の無料試乗キャンペーンを実施した。住民1万５０００人以上がこのキャンペーンに参加し、1万２０００項目で意見を寄せた。試乗キャンペーンは大人気で参加者の7割が実際に同モデルを購入した。五菱はその後も住民のニーズや運転習慣を研究し、宝駿E100を30km未満という住民の平均通勤距離に合わせて調整し、独メルセデスのEV「スマート・フォーツー」に似た2人乗り車両にモデルチェンジした。

宝駿EVは家庭用コンセントから充電できるため、五菱は急速充電器など通常のEVインフラと比べて極めて安いコストで柳州市全域に充電拠点を設置することができた。そして、柳州市は小型EVの急速な普及に合わせ、歩道脇などにあるこれまで使われていなかったスペースを小型EV用の駐車スペースに変えていった。柳州のような中国の小規模都市には公共交通機関の選択肢が少なく、住民は通勤手段としている自転車やスクーターにとって代わる格安で便利なEVにすぐ乗り換えた。住民の通勤手段を増やすことで手頃なEVが普及するということがわかった。

宝駿EVの普及と他地域のユーザーの研究も進めた結果、通勤や子どもの送り迎えや日常の買い物と、いわゆる「街乗り」のための2台目の車のニーズが高いことを把握し、そのニーズを満たす機能に絞り込んで開発したのが宏光ミニなのである。

「アルト47万円」を彷彿

宏光ミニの売り方は明快で、ホームページでの紹介ページをみると多くの日本人がデジャブ(既視感)を覚えるだろう。宏光ミニのキャッチコピーは、「人民のスクーター、2・88万元か

図表4-4　「人民のスクーター、2.88万元から」と「アルト47万円」

出所：上海通用五菱、germanboy

ら（人民的代步车、２・88万元起）」。スクーターのように身近なモビリティとしてＥＶを手頃な価格で提供するというものである。

１９７９年に登場したスズキの初代アルト。テレビＣＭでもよく流れたキャッチコピーは「アルト47万円」だった。１９７８年に社長に就任したばかりの鈴木修氏が開発の陣頭指揮を執った同モデルは、当時50万円を下回る軽自動車が他にない中での低価格設定で大ヒットし、今でも同社を代表するモデルである。

徹底した市場調査によって日常のニーズで多いのは２人までの乗員であるという利用実態を考慮し、当時の物品税に対して非課税となる３ドアハッチバックの商用車登録に目をつけ、毎日の送迎や買い物に利便性の高い軽自動車としてアルトは開発された。ラジオやシガーライターなど操作関係以外の装備をオプション設定にし、リヤシートを簡素化、ウィンドーウォッシャーは手動ポンプ式に、左ドアの鍵穴を省略するなど徹底したコスト削減を行った。無駄を省いた装備や徹底的なコストダウンにより実現した低価格を全国統一価格としたことで、「47万円」という値ごろ感をテレビＣＭを通じて日本全国に大々的に訴求でき、低価格でも実用性の高いアルトは大ヒットしスズキの看板車種となった。

そして、スズキは１９８３年にインドで国営企業マルチ・ウドヨグ社との合弁工場にてアルトと軽乗用車フロンテ（１９８９年にアルトに統合）をベースとした小型車「マルチ８００」の生産を開始した。その後、マルチ８００はインドの国民車となった。アルトはスズキの世界展開の起爆剤となったのである。

宏光ミニはスズキのアルトを彷彿とさせるものがある。それは徹底したマーケティングにより誕生したエポックメーキングなモデルであるだけでなく、海外でも大きな需要を生む潜在性を持っており、すでにその予兆がでている。

海外でも多くの反響

宏光ミニが大ヒットとなったことに日本だけでなく、欧米含む海外メディアも驚きを持って特集した。２０２1年4月に上海モーターショーで宏光ミニのオープンカータイプのコンセプトカーが発表され、その写真が世界を駆け巡ったこともきっかけとなったが、ＢＢＣやフィナンシャル・タイムズ、ロイター、ＣＮＮ、ウォール・ストリート・ジャーナル、ＣＮＢＣ、ブルームバーグ、フォーブス、独シュピーゲル、アルジャジーラといった軽自動車サイズの小型車が普及していない地域のメディアが一斉に報道し、そのほとんどが絶賛しているのは異様でもある。ＧＭの合弁企業が生産していることや、テスラより売れているＥＶということが大きく影響しているのだろうが、このモデルが海外でも売れる可能性が高いことを指摘するコメントが多い。

特にＥＶ化に積極的な英国と欧州のメディアにて反響が大きいが、宏光ミニのような中国製の格安ＥＶが欧州の低所得国で普及する可能性が高い、という声が多い。欧州自動車工業会（ＡＣＥＡ）の調査報告書で、[注3] 欧州におけるＥＶ普及率（ＥＵ平均値３％）を国別でみてみると、普及率が1％未満と低い国はエストニア、リトアニア、スロバキア、ギリシャ、ポーランドと押し並べて1人当たりＧＤＰがＥＵ平均の３万ユーロを下回る国となっている。

宏光ミニは欧州で販売する場合、欧州で型式認定を取得する必要があり、欧州の安全基準等を満たすために追加的なコストがかかる。各種メディアで欧州の自動車専門家が試算するところでは、宏光ミニが欧州で販売可能となった場合、その価格は中国価格の約2倍となるとのことだ。もっとも、この価格は欧州の小型ＥＶとして競合となるであろう、ルノー「Ｚｏｅ」、フィアットの「５００ｅ」やメルセデスの「Smart For Two」、フォルクスワーゲン「ＩＤ・2」といったモデルの約2万ユーロ水準の半値以下であり、前述の低所得国でも販売されている最廉価ＥＶのダチア「スプリング（Spring）」（1万７０００ユーロ）よりも安い。

高所得国でも小型ＥＶの需要が一定量ある大都市のパリ、ベルリン、ミラノ、ローマなどで発売すればかなり売れるはずという見方もある。[注4]

宏光ミニのような水準の価格で利益を出せる自動車メーカーが欧州には存在しない中、三菱自動車やＧＭの技術的サポートを受けて海外販売の実績がある中国メーカーのＥＶに多くの人々が期待を寄せるが、もちろん脅威と感じる関係者も少なくない。

欧州進出　ラトビアの老舗自動車メーカーが製造販売

世界中で注目を集める宏光ミニだが、実はすでに欧州に進出している。２０２１年4月、装甲車の製造で１５２年の歴史を誇るラトビアの自動車メーカー「ダルツ・モーターズ（DARTZ MotorZ）」が「フレゼ（FreZe）」というＥＶブランドを立ち上げ、宏光ミニをベースとした「フレゼ・ニクロブＥＶ（FreZe Nikrob EV）」（以下、フレゼ）を発売した。フレゼはダルツ社のトップであるレオナルド・ヤンケロビッチ氏（Leonard Yankelovich）がリトアニアで創業したカロッツェリア（車体製造メーカー）のニクロブ（Nikrob UAB）に製造を委託し、リトアニアで販売している。

宏光ミニがＥＵの安全基準に適用するようエアバッグや横滑り防止装置（ＥＳＣ）を追加し、エアコンやオーディオも標準搭載した。中国仕様と比べて電池の容量を増やすことで航続距離を２００㎞（ＮＥＤＣ基準）に延ばした。販売価格は９９９９ユーロ（約１３０万円）と

なるがダチアの最廉価ＥＶよりも安い。物流会社からの引き合いが強いとのことだ。[注5]

フレゼは欧州の安全基準をクリアして型式認証を得たので、認証を輸出入国間で互いに認め合う相互承認制度を定めた「国連１９５８年協定」に加盟する日本では、輸入審査手続きが免除される。左ハンドル車であるので日本が大量に輸入することは非現実的だが、何より注目すべきは、先進国の安全基準を満たしながら、日本の軽自動車と同等の価格に抑えることが可能であることが証明されたことにある。

「ヨーロッパで最も安いＥＶ」がキャッチフレーズ

「フレゼ」はロマノフ王朝時代の１８９６年にロシアで初めて自動車を製造したピョトル・アレクサンドロビッチ・フレゼ（Pyotr Aleksandrovich Frese）が創業した自動車メーカーの名前である。ＶＷのビートルやメルセデスＳクラスの生みの親であるフェルディナンド・ポルシェ博士が、オーストリアの馬車メーカー「ローナー」のために製造したＥＶを世界に披露したのが１９００年開催のパリ万博だった。それから僅か2年後の１９０２年に、フレゼはサンクトペテルブルクで社名と同じ名前のＥＶを製造し、リガ（現ラトビアの首都）やワルシャワ（ポーランド）で走らせていた。フレゼは１９１０年に当時のロシア帝国の産業の中心地リガにある自動車・航空機メーカー「ルッソ・バルト（ＲＢＶＺ）」に買収されたが、ルッソ・バルトの後継会社がダルツである。ダルツはフレゼ社の再興を旗印にして、フレゼをリトアニア

図表4-5　リトアニアに上陸したフレゼ

出所：DARTZ MotorZ

などのＥＵ各国だけでなくロシアでも販売することを目指すと思われる。ダルツは世界の億万長者やオリガルヒ（ロシアや旧ソ連諸国の新興財閥）の経営者、国家元首の護送用に世界で最も高価な数億円クラスのＳＵＶを製造販売しているため知名度は低いが、「ヨーロッパで最も安いＥＶ」というキャッチフレーズで北欧から拡販を始めたフレゼの売れ行きは、欧州自動車市場のＥＶ化の成功を占う試金石となろう。

なお、ＥＶのディストリビューターであるスペインのインビクタ・エレクトリック（Invicta Electric）は7月21日、フレゼを年末までにスペインで発売することを発表した。販売価格は８９９５ユーロ（約１１５万円）に設定している。中国製の廉価ＥＶは、ついに西欧にも進出するのである。

「スマートＥＶ」で新たなユーザー体験を追求

２０２１年４月の上海モーターショーでは数多くのＥＶ

が発表された。

今回の上海ショーは民族系メーカーがありきたりなＥＶを出展するかつてのショーとは違い、デジタルという中国ならではの味付けをした「ＥＶ＋アルファ」が数多く登場したのが印象的であった。「スマートＥＶ」という言葉が飛び交ったことに象徴されるが、スマート家電と連携させて都市住民の日常生活により一層溶け込もうとするモデルや、宏光ミニのような地方の若い女性向けにデザイン性を訴求するモデルなど、まさにスマートに顧客目線で提供価値を追求している。日本に追いつき追い越せと必死だった中国メーカーが、これまでとは違う戦い方での進化を追求している。

ＥＶメーカーの進化を支える企業に中国の巨大テック企業が加わってきた。中国の検索エンジン大手の百度（Baidu）は、２０２１年１月に中国民族系メーカーの吉利汽車集団（Geely）の協力を得てＥＶを製造すると発表したばかりである。２０２０年11月には、アリババ（Alibaba）と上海汽車集団が手を組んでＥＶを生産すると発表した。配車サービス大手の滴滴出行（DiDi）とＥＶメーカーの比亜迪（ＢＹＤ）もライドシェア用のＥＶを共同開発している。

巨大テック企業は、小鵬汽車（シャオペン）、上海蔚来汽車（ＮＩＯ）、理想汽車（Li Auto）などの成長著しい新興ＥＶメーカーにも既にサービスを提供している。ＥＶメーカーは車内エンターテインメントや自律走行まで、様々なユーザー体験（ＵＸ：User

Experience）を顧客に提供することで差別化を図ろうとしている。

スマホ化する自動車　EVの競争領域に「価値づくり」が加わる

上海モーターショー開催前の3月30日、スマホの出荷台数で世界3位の小米科技（シャオミ）もEV分野に参入すると発表した。小米は保有資産をできるだけ軽くする「アセットライト」のビジネスモデルを持ったインターネット企業を自称している。スマホ以外に炊飯器や電動バイク、スマートスピーカーにてこのビジネスモデルを実践してきたが、価格の安い無数のハードウェア製品を動かすソフトウェアを活用し、サービスで顧客に様々な価値を訴求しながら事業収益を獲得している。EVでも製造は自動車メーカーに委託し、同様のアセットライトなビジネスを行うだろう。

小米の雷CEOはEV参入の具体的な検討を2021年1月に始めたと述べた。[注6] そして、投資家向けリリースでこう述べている。「小米は世界のすべての人々がいつでもどこでもスマートな生活を楽しめるように高品質なスマートEVを提供したい[注7]」。

欧米も注目する中国の本格的な格安EVの登場により、世界のEV市場の潮目は変わったと言える。それはEVの普及が予想以上に進む可能性が高まったという量的な話だけではなく、「質」の重要性も一気に高まっている。EVの競争領域としてのコスト削減に関しては、最低限の品質を維持しつつ、一般大衆でも無理なく手の届く価格（affordability）が実現できるところにまで到達した。今後は、多様で変化の激しい顧客ニーズにタイムリーに訴求する「価値づくり」がＥＶにおける競争領域に加わるのである。

「低コスト、高価値（低成本、高价值）」[注8]。宏光ミニを世に出した上汽通用五菱の経営理念だが、ずばりそれを言い表している。

このような急激な変化はスマホで起きたことと同じであり、特にアップルがｉＰｈｏｎｅを世に出した時にそれが顕著に見られた。既存の自動車メーカーにとっては異端児に映るスマホで成功した産業や企業の新規参入が足元で加速している。それは、それら新規参入者が脱炭素の世界的な潮流を確認し、脱炭素を実現するために必要なデジタル化の中核となる端末（ＥＶ）が本格普及期に入ることを確信したからだろう。

「自動車のスマホ化」が加速しつつあり、自動車のモノづくりに新しい考え方を取り入れる必要性も高まっている。

3 「スマホ化する自動車」——鴻海のEV参入

中国製小型EVは日本にもファブレス方式で進出

中国製の小型EVは日本にも進出しようとしている。SGホールディングス傘下の佐川急便は2021年4月13日、同社が近距離の集配に使用している約7200台の軽自動車をすべてEVにする計画を記者会見で発表した。佐川急便は本件に関してプレスリリースを出していないが、広西汽車集団が小型商用のEVを製造する。このEVは軽自動車サイズの商用バンで航続距離は200㎞以上、配送拠点から配達先までの短距離を走り、配送拠点で夜間などに充電する。2021年8月に仕様を固めて、広西汽車が9月にも量産を始める予定である。実際の納入は2022年9月になる見通しとのことだ。なお、このEVは正確には広西汽車集団傘下の柳州五菱汽車が製造するが、広西汽車が出資する上汽通用五菱汽車とは別会社であり、宏光ミニとは別物である。とは言え、前述のように実績ある五菱汽車の製造ノウハウが反映されていると思われるので、日本の公道を走るために必要な国交省の型式認証を取得する可能性は高い。

車両の企画開発や製品保証は日本のＥＶ関連スタートアップのＡＳＦが担当し、広西汽車集団はＡＳＦからＯＥＭ（相手先ブランドによる生産）を受託するかたちとなる。ＡＳＦは自社工場を持たず、生産を委託先の工場にすべて任せる、いわゆるファブレスメーカーである。ファブレスメーカーは自社で工場を持たない分、投資を抑えることができるほか、市場の変化に対してダイナミックに適応できるというメリットもある。委託先の製造企業に様々な情報を提供しなければならないことや、品質管理が難しくなるといったデメリットもあるが、車種グレードを統一化して法人向けにフリート販売しやすい商用車であれば、乗用車の生産委託よりハードルは低い。

ファブレスは半導体やスマホ、アパレル産業で多く見られるものだが、自動車業界ではこれまではほぼ存在しなかった。しかし、前述のように、中国で本格的な格安ＥＶが普及し、世界のＥＶ市場が新しいフェーズを迎えようとしている今、ファブレスで成功した小米のような新興ＥＶ企業が相次いで生まれようとしているのは新たな時代の流れであって、特段違和感はない。そしてついに、「スマホ化する自動車」は日本にも到来しようとしているのである。

SDVという新潮流

EV化が加速する中で、「スマホ化する自動車」が生まれる背景はもうひとつある。それは自動車メーカーがソフトウェア定義自動車（SDV：Software-defined vehicle）をつくりだそうとする新しいトレンドが生まれていることにある。SDVとはハードウェアの振る舞いがソフトウェアによって変更やアップデートされる車のことを言う。スマホはまさに端末のシステム全体がソフトウェアによって定義されており、車も同様の仕組みになろうとしているのである。

これまでの車は、部品ごとにECUが分散配置され、そのECUごとにソフトとハード（半導体）が一体化されていた。そして、車が多機能化する中でECUの搭載個数が増え、ワイヤーハーネスも増えることで構造は複雑化していった。車の差別化で安全運転支援機能やコネクテッド機能を強化するため部品間での連携や相互作用が重要になる中で、これら部品の統合的な制御が不可欠になってきた。結果として、数多くの単体のECUを統合ECUに集約し、統合ECUが複数の部品をまとめるコンポーネントを制御するようになってきた。また、EVになると部品搭載数が大きく減り、より少ない統合ECUで制御できるため、ソフトウェアで定義しやすくなる。

更に、自動運転やコネクテッド機能を多様に変化するユーザーのニーズにより的確かつ迅速に適応させるため、自動車メーカーは車に搭載されているソフトウェアを常時アップデートできることを可能にする「オーバー・ディ・エア（OTA：Over-The Air）」を採用する方向に進んでいる。OTAとは、無線通信でインターネットを介し、ユーザーが必要と判断したときにソフトウェアをアップデートする機能であり、スマホやPCでは当たり前のように導入されているものである。

ちなみに、自動車メーカーや関係団体が集まる、国連欧州経済委員会（UNECE）の下部組織である「自動車基準調和世界フォーラム（WP29）」は2020年6月、自動車へのサイバー攻撃対策を義務付ける国際基準（UN規則）とともに、ソフトウェアのアップデート要件についても採択した。[注9] これを受けて、日本の国交省も2020年12月、サイバーセキュリティやソフトウェアのアップデートなどの国際基準を国内の安全基準に導入するための法整備を行うと発表している。[注10] 環境整備が進むOTAやSDVの導入に向けて、自動車メーカーの動きも2020年後半から活発化していることが、「スマホ化する自動車」が加速している背景にある。

このように車がスマホのようになると、車種ごとの差別化要素や付加価値はソフトウェアに依存する領域が増えてくる。そこで自動車メーカーは主導権を握ろうと、数少ない統合ECUで支えられる車の「ビークルOS」または「カーOS」と呼ばれる車載ソフト基盤の標準化を推し進めるようになった。アップルの「iOS」やグーグルの「Android」のように、トヨタ自動車は「アリーンOS（Arene OS）」、VWは「vw.OS」といったビークルOSの開発を急いでいる。

こうなると、まさにスマホのように車もハードウェアとソフトウェアの分離が明確になってくる。「スマホ化する自動車」が進むと、車の作り方も変わってくるのである。

鴻海がEVのオープンプラットフォーム化を目指す

このようなSDVという新潮流が生まれる中、スマホビジネスで成功した台湾の鴻海精密工業（Hon Hai Precision Industryまたは Foxconn：以下、鴻海）が2020年10月、EVに参入することを発表した。[注11] 鴻海はアップルのiPhoneを製造する世界最大のEMS（電子機器受託製造サービス）企業であり、アップルの躍進を陰で支えた重要なパートナーである。

なお、鴻海のビジネスモデルはいわゆる水平分業型と言われるものである。自動車ビジネスの主流は垂直統合型であり、製品の開発から設計、製造、販売に至るまでの上流から下流までのプロセスを自社ですべて担うビジネスモデルである。一方で水平分業型は、開発から設計、製造、販売までの工程を外部に委託したり、別々の企業に任せるビジネスモデルである。水平分業型ビジネスの代表例がまさにアップルのiPhoneである。スマホの開発機能やOS及び一部のソフトはアップルが統合するが、生産はEMSである鴻海に委託している。そして、部品は多くの日系企業を含む電子部品メーカーが開発と生産を行っている。

図表4-6　MIHプラットフォーム（左）、アライアンスの鄭CEOと魏CTO（右）

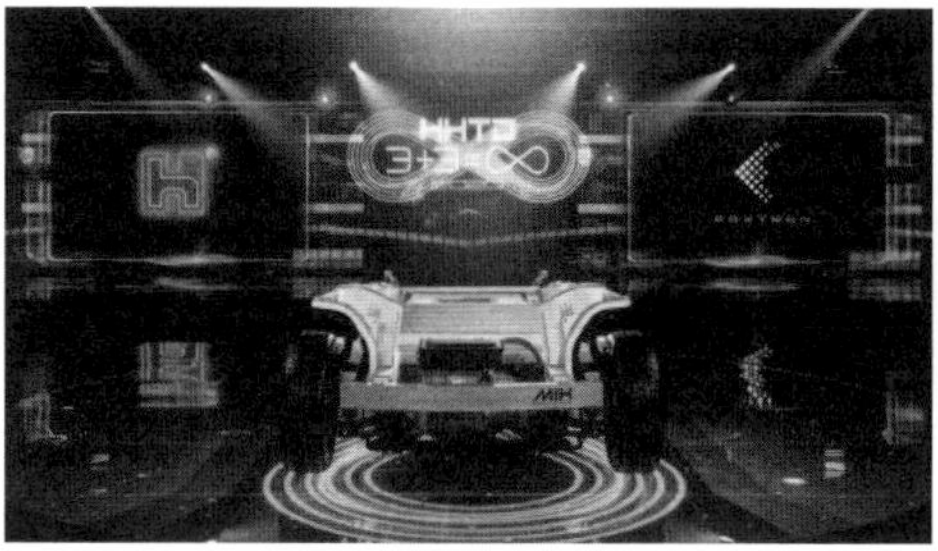

出所：鴻海精密工業、MIH Consortium

鴻海はＥＶ参入にあたって非常に野心的な目標を掲げた。鴻海の劉揚偉（Young-way Liu）董事長は、鴻海は２０２７年に世界のＥＶ販売シェアの10%を獲得するとぶち上げた。注12

その目標を達成すべく、鴻海は台湾で日産自動車のパートナー企業も務める裕隆汽車（ユーロン：Yulon Motor）との合弁で、ＥＶのＯＤＭ（相手先ブランド製品の生産受託）事業を行うフォクストロン（鴻華先進科技：Foxtron Vehicle Technology）という会社を立ち上げた。そして、フォクストロンは同社が手掛けるＥＶ生産のプラットフォーム「MIH EV Open Platform」（以下、ＭＩＨ）の構想を発表し、このプラットフォームを開発するアライアンス組織「ＭＩＨアライアンス」を組成した。

なお、ＭＩＨアライアンスのＣＥＯは２０２1年1月にヘッドハントされた台湾人の鄭顯聰氏（Jack Cheng）である。鄭氏はかつて中国フォードの副社長、イタリアの大手部品メーカーのマニエッティ・マレリ（現マレリ）のアジア地域トップや中国フィアットの会長を務め、前職は中国EVメーカーNIOの共同創設者でもあって、中華圏の自動車業界に40年も携わる人物である。中国フォードに在籍した時期（1986年~2005年）には、台湾フォード製のカナダ向け乗用車「トレーサー（日本版マツダ3）」の生産・輸出で陣頭指揮を執った経験もある。[注13]

最高技術責任者（CTO）は鴻海でもCTOを務める魏國章氏（William Wei）で、インターネットとモバイル業界において20年間の経験を持ち、鴻海に移籍する前はブロックチェーン業界にいた。それより前にエンジニアとしてアップルに在籍していたときには、アップルのOS「iOS」や「Mac OS X」を故スティーブ・ジョブズ氏と一緒に開発した数少ないアジア人のひとりであった。その実績から台湾のテック業界ではカリスマ的存在でもある。

巨大コンソーシアムに発展

MIHアライアンスは組成から9カ月経ったが、EVの巨大サプライチェーンを構築できるような規模になっている。全世界から部品メーカーや半導体メーカー、クラウドやソフトウェアのベンダなど1771社が集まっている（2021年7月14日現在[注14]）。アマゾン・ウェブ・サービス（AWS）や英アーム（Arm）、ボッシュ、CATLなど欧米中の有力企業に加えて、日本からはNTTや村田製作所、ローム、自動運転開発のティアフォーなどが参加する。また、日本電産は戦略的パートナーとして参画している。

フォクストロンの親会社の鴻海としては２０２１年1月5日、中国ＥＶ新興メーカーの拜騰（バイトン）と提携し、直後の1月13日には浙江吉利控股集団（吉利）とＥＶの新会社を折半出資で設立すると発表した。[注15] そして5月13日（米国時間）には、米新興自動車メーカーのフィスカー（Fisker）と提携した。[注16] 両社は「ＰＥＡＲ（Personal Electric Automotive Revolution）」という名のプロジェクトの下、同社と共同開発したＥＶを米国内に新設する工場で、２０２３年10～12月期に量産を開始すると発表した。なお、バイトンを巡っては7月13日、同社の債権者が倒産手続きを申し立てたことが分かった。[注17] 資金繰りに行き詰まったとみられ、鴻海との提携は先行き不透明である。

実力は未知数　海外進出には茨の道

ＭＩＨアライアンスは3月25日に台北で開催したアライアンス加盟企業とのカンファレンスにおいて、２０２２年にＥＶバスを、２０２３年にＣセグメントの乗用ＥＶを生産開始するというプランを明かした。[注18]

フォクストロンは7月6日、台湾で不動産開発などを手掛ける三地集団と高雄市内のバス運行会社である高雄客運との間で基本合意書（ＭＯＵ）を締結し、将来的に高雄市内で運行しているバスを、ＭＩＨプラットフォームをベースとしたフォクストロンが製造するＥＶバスに置き換えていくと発表した。[注19] これがまさに２０２２年に目指している最初の量産ＥＶとなる。

２０２３年のＣセグメントＥＶは、米国で生産するフィスカーとの共同開発ＥＶのことを指しているのだろう。

しかし、はたしてＭＩＨアライアンスは、２０２２年と２０２３年にトントン拍子でＥＶを量産していくという野心的な計画を実現することができるだろうか。現時点でＭＩＨの実力は未知数である。

ＥＶの台頭とそれによる水平分業化の必然性の議論は、日本でも昔からあった。しかし、水平分業によるオープン化・標準化を目指したベンチャーは失敗した事例が多い。

試作車を作るところまではできても、信頼性、耐久性、安全性を証明し、型式認証を取得して製品化するのが至難の業だからだ。日本でもかつて、シムドライブというオープン化・標準化を目指したＥＶメーカーがあったが、１台のＥＶも量産せずに解散した。

大量の車を作って衝突安全や走行テストを行い、設計を洗練させて量産に適したものにつくり上げていく。値段を考えてより合理的に作れるようにする。このようなプロセスが量産化に向けた道として存在し、新規参入企業にとってはその道は極めて厳しいものである。垂直統合型の正統派の自動車ビジネスを構築してきたテスラもこの茨の道を歩んできた。

車は人の命に関わる製品なので、安全性能を確保しなければならないことと、安心・安全といった品質を安定的に出す量産技術の確立が必要である。これらがスマホとの大きな違いとなる。特に欧米や日本は保安基準が厳しい。

前述のとおり、鴻海は中国市場でトップシェアを誇る吉利とコラボする。しかし中国は型式認証を輸出入国間で互いに認め合う相互承認制度を定めた「国連１９５８年協定」に加盟しておらず、海外では追加施策なしで販売することができない。鴻海は世界シェア10％という野心的な目標を達成するためには、欧米進出は避けて通れない。従って、厳しい保安基準をクリアしなければならない。

フィスカーとのコラボはどうか。フィスカー自身もまだ新興メーカーであり経験値が低い。加えて、フィスカーは鴻海とは別に、カナダの自動車部品のマグナ（Magna International）とも提携しており、２０２２年11月からマグナのオーストリア・グラーツ（Graz）にある受託製造子会社マグナ・シュタイヤー（Magna Steyr Fahrzeugtechnik AG & Co KG）でＥＶを生産する予定である。[注20] マグナは同工場でＢＭＷやダイムラー、ジャガー・ランドローバー等の高級車メーカー向けにこれまで約４００万台の完成車を製造した経験を持つ。従って、フィスカーは鴻海とマグナを天秤にかけられるポジションにあり、新参者の鴻海としては提携してはいるものの盤石な関係を築いているとは言えない。

鴻海の高い半導体調達力は武器になる

ＭＩＨプラットフォームをベースとした水平分業型ビジネスで、鴻海がＥＶ市場で成功するためには、中国での自動車メーカーとのアライアンスを増やしながら、経験豊富な欧米や日本の自動車メーカーとのアライアンスも構築する必要がある。

現時点では、中華圏外における自動車メーカーとのアライアンス案件はフィスカーだけとなっている。ＭＩＨアライアンスの誕生後は、旧ＦＣＡとＥＶ生産で提携するのではないかとメディアでは憶測が飛び交っていた。それは、アライアンスＣＥＯの鄭氏が中国フィアットやそのメインサプライヤーのひとつであるマニエッティ・マレリの重職に就いていたからであろう。しかし、２０２1年1月1日に旧ＰＳＡと合併して誕生したステランティスは5月18日、鴻海と次世代コックピットの新会社を設立すると発表しただけで、ＥＶに関しては提携に至っていない。[注21]旧ＰＳＡ側としては、中国を中心に自前でＥＶ市場を開拓したいという意向があったために、鴻海と手を組むことを選ばなかったと思われる。

もっとも、鴻海・ＭＩＨには「世界シェア10％」の実現を早めるチャンスが2つあると考える。第一に、中国で２０２２年に起こるであろう自動車業界の再編が挙げられる。中国では２０２２年に外資系メーカーの出資規制が撤廃される。これまで規制に守られた多くの民族系自動車メーカーのうち、競争力に乏しいメーカーは外資系企業に淘汰されるか、余剰能力を抱える工場を手放すことになろう。鴻海のようにＥＶの製造工場をこれから用意したい企業にとっては、既存の自動車生産能力と製造ノウハウを獲得するチャンスが拡がる。

第二に、半導体を充分に調達できず、収益が悪化した自動車メーカーの生産能力を獲得できるチャンスである。実は、鴻海がフィスカーと提携した時のプレスリリースに書かれている、劉董事長が寄せたコメントに興味深いフレーズがあった。

「フィスカーとの協業は鴻海グループの新技術・新領域のプラットフォーム戦略と一致し、ＭＩＨアライアンスのお陰もあって、鴻海はこの新プロジェクトのために世界中のサプライヤーと協力することができます。特に、信頼性の高いチップセットや半導体の調達力をバックにした世界トップクラスの供給網を持つ鴻海は新プロジェクトをしっかりサポートします[注22]」

世界の急速なＥＶ化の流れにキャッチアップするのがただでさえ大変な自動車メーカーは、短期的ではなく長期的・構造的な問題となっている半導体の調達難という新たな壁にぶち当たっている。ＥＶ化を迅速に進め、十分な数の半導体を調達したい自動車メーカーの中には、世界で最も半導体の調達力があるアップルの重要パートナーで、そのアップルに優先的に半導体を供給するＴＳＭＣと同郷の鴻海と手を組みたいと考えるメーカーが出てきてもおかしくない。大手自動車メーカーはＥＶ化の推進と半導体の調達に充分な資金を投入できるであろうが、それが難しい中堅以下の自動車メーカーは、アップルカーも手掛ける可能性がある鴻海のような水平分業型の新規プレーヤーとタッグを組んで、自社工場の一部を使って受託生産することも、非現実的なことではないと考える。

垂直統合と水平分業が共存する時代へ

車のＥＶ化が進むことで、家電の世界で先行したような、いわゆる垂直統合型から水平分業型への構造変化が進むという声は多い。

垂直統合と水平分業のどちらにすべきかという問題は一概に結論は出せない。しかし、どちらの方が時代に合っているかというと、中長期的には水平分業だろう。もっとも、当面は基本、垂直統合型であるだろうが、前述のような中国の業界再編や半導体不足問題によって、水平分業型ビジネスが少しずつ入り込んでいくであろう。

30年後といったかなり先の話になるだろうが、何にもぶつからない完全自動運転車としてのＥＶが普及するような時代には、衝突安全技術の要求水準が変わることによる参入障壁の撤廃で、水平分業型ビジネスが支配的になろうが、それまでの間は、垂直統合と水平分業が共存する時代になる。

脱炭素が後押しする車の「鉄道化」と地域経済活性化のチャンス

次のような考え方もできる。それは個人ユースの乗用車では垂直統合型が続き、運行ルートと充電ポイントの位置が固定化しやすいがためにＥＶ化が早く進む、商用車から水平分業型が浸透し始めるというものである。

鉄道はまさに「ＣＡＳＥ」である。他のシステムとＩＴでつながっていて（**C**onnected）、ほぼ自動運転で（**A**utonomous）、複数の乗客がシェアする（**S**hared）、電動車（**E**lectric）だからだ。乗客は車両メーカーの違いで乗車する鉄道は選ばず（鉄道マニア等は除く）、自分のニーズに合った移動・輸送サービスを提供する鉄道会社・路線を選ぶ。

自動車メーカーはＣＡＳＥを追求することによって、つくる車は「鉄道化」し、会社は鉄道会社のようになっていく。

商用ＥＶの普及が増え、車が「鉄道化」することにより、自動車産業における水平分業型ビジネスの割合が増えてくるだろう。

では、自動車メーカーはどこに強みを活かすことができるのか。それは、鉄道会社と同じで、地域住民のニーズに合った、地域密着型のＥＶを中心としたサービスをデザインし提供することである。日本においては、地域ニーズに合った軽自動車ＥＶの潜在需要が大きく、地域経済を活性化させる好機に満ち溢れている（第５章で詳述）。格安ＥＶが地方で大ヒットしたのを経験した中国が、日本含む海外にＥＶを積極的に輸出しようとしているのは、日本の自動車メーカーよりも先にそれに気づいたからであろう。

4 EVの新たな提供価値——テスラが家庭用エアコン参入を狙う理由

モノづくりから価値づくりへの発想の大転換が必要だが、どのような方法論があるか。本章にて顧客目線でスマートに付加価値を追求した宏光ミニの例を取り上げたが、五菱にとっての他社にはない提供価値（Value proposition）は、顧客に手頃な値段のEVを提供するために工夫してコストを切り詰めたことであった。

もうひとつの方法は、EVで新しいエコシステム（生態系）を創り、EVユーザーの顧客体験（UX）を最大化することである。

サイバー空間を活用したEVユーザーのUX最大化

テスラ含むEVメーカーは、EVユーザーのUX最大化につながる新たな提供価値を追求している。第1章でも利用した図表の再掲になるが、図表4－7を使って説明する。

まず、法人を含むEVユーザーが求めるUXとは何か。それは、人・モノを運ぶ「輸送」に加えて、エネルギー消費の効率化を目指す「エネルギーマネジメント」という大きな２つのＵＸが存在する。そして今、その２つのＵＸの交点に「脱炭素」があり、省エネや再生可能エネルギーの活用、サーキュラー・エコノミー（循環型経済）の構築を進めながら実現したいと考えている。

顧客が求めるこれらＵＸに対して、ＥＶメーカーは現実世界とサイバー空間（インターネット）を上手く活用しながら、提供価値をつくろうとしている。

すなわち、まず、取引可能なデータとしてのエネルギーを蓄える車載電池を中核に置き、ＥＶメーカーはライフサイクルの上流に位置する電池の素材メーカーや、下流にいる再エネ電力の供給者と連携できる関係を構築する。そして次に、ブロックチェーンなどのデジタル技術を活用することでサプライチェーンとエネルギーのトレーサビリティを確保する。そうすることによって、①車載電池に含まれるコバルトなど紛争鉱物の倫理的調達情報に透明性や信頼性を持たせ、②カーボンフットプリントのＬＣＡができるようにし、③リユースやリサイクルを促進できる車載電池のサーキュラー・エコノミーを構築しながら、④車載電池に蓄えられた余剰電力を電力グリッドに売電できるようにする。

これを実現するためには、現実世界（リアル）にあるＩｏＴの中でコネクテッド（つながる）ＥＶと車載電池（バッテリー）を捉え、これらモノのデジタルツインをサイバー空間上でＩｏＶ（価値のインターネット：Internet of Values）として構築する。サイバー空間上の人

図表4-7　EVのユーザー経験

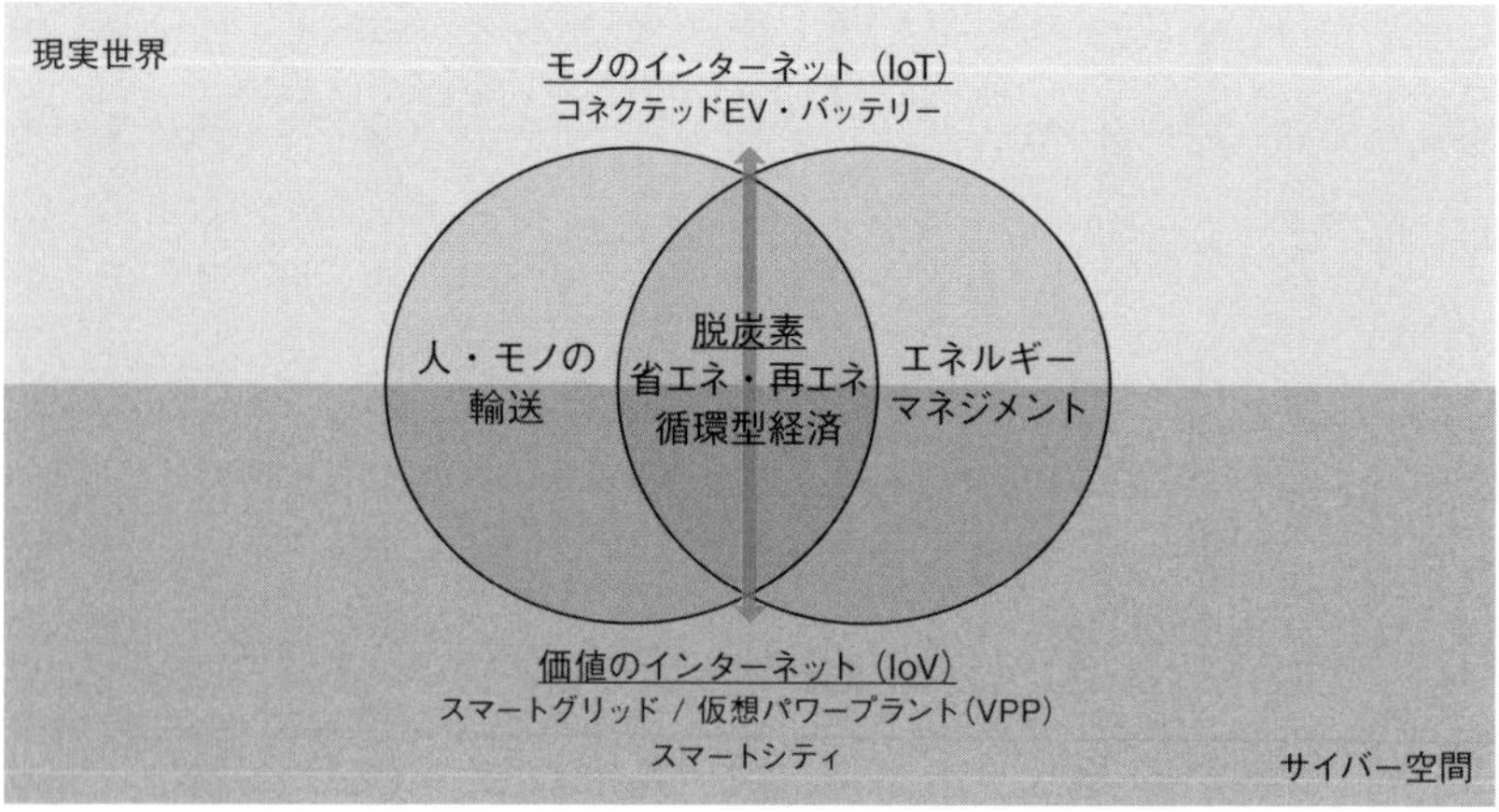

出所：著者作成

工知能とビッグデータがソリューションを編み出し、デジタルツインが現実世界のモノ（ＥＶ・車載電池）にそのソリューションをフィードバックする。

この一連のやりとりによって実現される価値は、①倫理的調達（ＳＤＧｓ）を規制当局に証明したりユーザーの倫理的消費を駆り立てること、②クレジットの創出と売却益の獲得、③車載電池の査定精度・再販売価格を上げることによる中古車（下取り）価格の上昇、④車載電池内の余剰電力のＰ２Ｐ（個人間の）取引で得た売電収益の獲得とそれに伴うＥＶの資産価値向上、というかたちで発現する。

このようなＥＶと車載電池を中心にした新しい価値の創造は、スマートグリッドや仮想パワープラント（ＶＰＰ）の中で実現されるケースが多く、それはスマートシティの構築にもつながっていく。

これまで述べたような新しい価値づくりの方法は、まだ概念実証（ＰｏＣ：Proof of Concept）や実証実験の範囲内で議論されていることである。もっとも、社会・ビジネス実装の実現は目の前に迫っており、それを前提としたＥＶメーカーの動きも出始めている。

家庭用エアコンへの参入を狙うイーロン・マスク氏

「ホームＨＶＡＣ（家庭用エアコン）を来年始めるかもしれない」

２０２０年9月22日、テスラが開いた株主総会に伴うイベント「テスラ・バッテリー・デイ（Tesla Battery Day）」にて、イーロン・マスクＣＥＯが質疑応答セッションでこう話した。[注23] テスラのＥＶの暖房機能は電気ヒーター式が一般的だったが、同年に発売したＳＵＶ「モデルＹ」で初めてヒートポンプ式を採用した。テスラは空気中からゴミや塵埃などを取り除き空気を清浄化するＨＥＰＡフィルターに加え、ヒートポンプ式エアコンも自社開発している。この新搭載のエアコンが小さく効率的で、暑い夏や寒い冬といかなる状況であっても動作すると自信を見せた。かねてこの自動車用エアコンを家庭用に転用するアイデアをもっており、前述のコメントにつながった。

ＥＶでヒートポンプ式エアコンを採用することには大きな意味がある。ガソリン車はエンジン廃熱を再利用した温風で暖房機能をまかなうが、再利用する熱源を持たないＥＶでは、暖房に電力使用を伴う。電気ヒーター式のエアコンでは、暖房の使用がそのまま電力消費につながるため、実質的な航続距離が大幅に減少する。冷媒と外気の温度差を利用して室内を暖めるヒートポンプ式エアコンは、使用電力以上の暖房効果を得られることから、電気ヒーター式よりも少ない電力で車内を暖めることが可能になる。なお、世界で初めてヒートポンプ式を採用したＥＶは日産リーフである。

さらにテスラは、コンピューター制御で冷媒の流量を8方向に分配することで車両システム全体の冷却・加温を最適管理する「オクトバルブ」という世界初の技術も自社開発しており、この技術もモデルＹから搭載している。[注24] このような革新的な熱制御技術の開発力が、家庭用エアコンへの参入も狙うイーロン・マスク氏の自信の裏側にある。

テスラは２０１５年に家庭用蓄電池「パワーウォール」を発売し、２０２０年には日本でも設置を開始している。太陽光パネルでは２０１６年に米ソーラーシティを買収するなどエネルギー事業を強化している。パネル、蓄電、ＥＶに省エネエアコンを組み合わせれば、家庭全体のエネルギー効率が高まる。テスラはＥＶを中心としたエコシステムの中で、発電（太陽光パネル）から蓄電（車載及び家庭用蓄電池）、そして放電（ＥＶと家庭用エアコン）までと、ＥＶユーザーのＵＸのひとつであるエネルギーマネジメントの全領域にまたがってビジネスを提供しているのである。

余剰電力の売却益がＥＶの資産価値向上につながる

「テスラのホームＨＶＡＣは車とコミュニケーションをする」

マスク氏が同じセッションでこうも述べたが、テスラユーザーの電力消費をヒートポンプ式エアコンという省エネ技術の活用で削減したり、住宅とＥＶとの間で電力負担の平準化を実現することで、ユーザーのＵＸを最大化することを目指していると言える。

スマートグリッドにおいては、ＥＶの車載電池は電力価格が安い夜間の駐車時に充電し、価格が高い日中に走行で必要な分を上回る余剰電力を住宅や電力グリッド側へ給電する、Ｖ２Ｈ（車から家へ：Vehicle to home）やＶ２Ｇ（車からグリッドへ：Vehicle to grid）と言われる技術の導入が進んでいる。ブロックチェーン業界では、非接触充電器を敷設した駐車スペースや道路などインフラとの間でのＶ２Ｉ（車からインフラへ：Vehicle to infrastructure）を含む、Ｖ２Ｘ（車からすべて：Vehicle to everything）での電力及びデータのスマートコントラクト（自律型契約）及び自律型決済の技術開発と標準規格化が進められている。走る蓄電池としてのＥＶが車載電池に蓄えられた余剰電力を、住宅やその先につながるスマートグリッド側にＰ２Ｐ（個人間）かつＭ２Ｍ（機械間）で売電することができるようになる。そうすることで、ＥＶはユーザーが保有している間に経済価値を生む資産となる。省エネ技術を活用することは、ＥＶの車載電池が取引できる余剰電力をより多く生むポテンシャルを高めるた

図表4-8　テスラは発電・蓄電・放電をマネジメントし（左図）、住宅冷暖房の効率化を狙う（右図）

出所：Tesla、米国エネルギー情報局（EIA）注25

め、ＥＶの資産価値を向上させることができる。ＥＶの資産価値が上がるということは、ユーザーのＥＶ購入時の負担感が軽減されるので、新車を購入しやすくなる。

ちなみに、このようなＥＶと電力グリッドの融合においては、電力のＰ２Ｐ及びＭ２Ｍ取引で利用される通貨は暗号資産（仮想通貨）を中心としたデジタル通貨になる。イーロン・マスク氏がビットコインなどの仮想通貨に注目するのは、テスラユーザーの購入時の決済における利便性を上げたり、ビットコイン売却益を事業収益に充てるだけでなく、電力のＰ２Ｐ取引市場が拡がり、デジタル通貨がＥＶの資産価値向上を促す取引通貨になる社会を見据えているからである。

米国の住宅では、家庭用エアコンによる室内冷暖房で消費するエネルギーが過半を占め最大である（図表４－８右図）。従って、マスク氏が自動車用ＨＶＡＣで培った省エネ技術を家庭用に転用しようとする理由は、エネルギーマネジメントというテスラオーナーのＵＸを最大化し、それによってビジネスが拡大する余地が、とりわけ地元米国で非常に大きいからである。

画期的な冷媒技術の開発でダイキンがＥＶ参入の可能性

空調機メーカーとして世界最大のダイキン工業はＥＶのエアコンに使う省エネ性能の高い冷媒を開発した。エアコンに使う電力を大幅に減らし、車載電池の種類に関わらず、ＥＶの航続距離を最大５割延ばすことができる技術である。この画期的な技術にＥＶ業界が注目している。

２０２１年６月16日に空調業界のニュースサイト「クーリングポスト（Cooling Post）」で掲載された記事で明らかになった。[注26] ダイキンのドイツ子会社のLinkedIn内でも掲載されていることから、同記事の記載内容は同社が公認しているものと言える。

ダイキンが新開発した冷媒「ＤＩＶ１４０」は、成分の工夫により沸点をセ氏零下40度程度と従来品より10～15度低くしたため、圧縮に必要な電力を減らすことに成功している。現在、ＥＶ用ＨＶＡＣの冷媒は米ハネウェル（Honeywell）と米ケマーズ（Chemours：旧デュポン）が共同開発した「ＨＦＯ－１２３４ｙｆ」と言われるものが主流となっているが、ＤＩＶ１４０はＨＦＯ－１２３４ｙｆに新素材「ＨＦＯ－１１３２（Ｅ）」を23％混ぜ合わせてできた冷媒である。なお、ダイキンは米国でＨＦＯ－１１３２（Ｅ）の製法特許を取得している。

ダイキンはＤＩＶ１４０の実用化に必要な認定を米暖房冷凍空調学会（ＡＳＨＲＡＥ）に申

請しており、また、多くの自動車会社が会員となっている米自動車技術会（SAE International）で、実際にエアコンで稼働させた際の性能や安全性を検証する予定である。2025年の実用化を目指している。

ＥＶ普及のハードルのひとつである航続距離の問題に関しては、ヒートポンプの活用や新冷媒の導入のようにサーマル・マネジメント（熱効率の改善）で解消できる余地が大きい。

ダイキンは冷媒メーカーとしても世界大手だが、自動車用エアコンは未参入である。テスラは自動車用から家庭用エアコンへと進出し、ダイキンは逆に空調からＥＶへの参入を狙っている。ＥＶにおける新しい提供価値を見出した異業種のダイキンが、テスラ含むＥＶメーカーと協業する可能性は十分にある。

このように、ＥＶユーザーのＵＸ最大化を追求するのは既存の自動車関連企業だけでなく、エネルギーマネジメントの改善に貢献できる、異業種からの新規参入企業も含む。省エネ技術に長けた日本では、ＥＶを中心とした新しいエコシステムに新規参入できる企業が数多く眠っている可能性がある。

5 アップルカー――循環型経済とブロックチェーン・トレーサビリティ

アップルは公言していないが、同社は２０１４年に自動運転車の開発プロジェクト「プロジェクト・タイタン（Project Titan）」を開始し、独自車両をゼロから設計している。これまでに自動車関連の特許を複数取得していることも明らかになっている。[注27]

「アップルカー」と言われるこのＥＶは、２０２１年1月に韓国・現代自動車がアップルと交渉していることを公表し、その後に撤回したことで「公然の秘密」となった。水平分業型ビジネスを行うアップルにとっては、現代自動車は一次サプライヤーの位置づけであるので、部品の発注先選定プロセスにおけるサプライヤー候補への見積依頼書（ＲＦＱ）を現代自動車に配信したのであれば、その時点から2～3年後にアップルカーの量産が開始されることになる。ちょうど台湾や韓国でアップルカーの噂で盛り上がった２０２０年末、ロイターなどではアップルに近い匿名者が「２０２４年までに量産開始」と報じた。[注28]

本節では、アップルがＥＶに参入してどのような「アップルカー」を世に出すかを見通す。

昨今のアップルの動きをみるに、アップルカーの提供価値は脱炭素とSDGsになろう。その実現に向けては、アップル及びサプライヤーにおけるサーキュラー・エコノミーの構築とサプライチェーン・トレーサビリティの確保がカギを握ると考える。具体的にどのような取り組みになるかを本節で説明する。

地球から何も採らずにすべての製品を作ることが目標

アップルのティム・クックCEOは2021年2月23日、オンラインで開いた年次株主総会の質疑応答で、気候変動対策について質問された。すでに2020年7月に、アップルはすべての製品の生産を通じて排出するCO_2を2030年までに実質ゼロに抑えるカーボンニュートラルを実現すると発表していたが、新たな目標を表明した。[注29]

「もう一つの大きな目標は、いつの日か地球から何も採らずにすべての製品を作ることだ」

クックCEOは2020年にアップル製品におけるアルミのリサイクル材の使用量を大幅に増やし、新型iPhoneで希少金属のリサイクル率を100%にしたことをアピールした。具体的には、アップルの環境報告書によると、2020年に新発売した16インチのMacBook Proでアルミのリサイクル材を大幅に増やしたことや、同じく新発売のiPhone12やアップルウォッチで、タングステンとネオジムやジスプロシウムなどの磁石材を中心としたレアアース（希土類元素）の１００％リサイクル材を使用している。注30

アップルはアップルカーでも、使用部材におけるサーキュラー・エコノミーの構築を重視するのは間違いない。

クローズドループ・リサイクルに注力

アップルの気候変動対策のリーダーは、オバマ政権時代の２００９年から２０１３年にアフリカ系アメリカ人として初めて米環境保護局（ＥＰＡ）の長官を務めたリサ・ジャクソン氏（Lisa Jackson）である。２０１３年に退官した後、２０１４年にアップルに入社し、２０１５年からティム・クックＣＥＯ直属の副社長（ＶＰ）として、環境・政策・社会イニシアティブ（Environment, Policy and Social Initiative）領域を担当している。

アップルは２０１８年に全世界の事業活動で使用する電力を１００％再エネにし、２０１９年以降はスコープ２のＣＯ２排出をゼロに抑えている。そして、プリンストン大学で化学工学修士号を取得したエンジニア出身のジャクソン氏の下、２０３０年のカーボンニュートラルに向け、製造におけるイノベーションを追求しながらサーキュラー・エコノミーの構築に邁進している。

なかでも野心的な取り組みは、特殊素材におけるクローズドループ・リサイクルの研究開発とビジネス実装である。2019年4月に環境報告書が発行された時点で、アップル製品に使われる金やタングステンといった紛争鉱物や銅の約90%はすでにリサイクル材となったが、自社開発したリサイクル作業ロボット「デイジー（Daisy）」は15種類の使用済みiPhoneを1時間あたり200台のペースで分解し、紛争鉱物やレアメタル、レアアースといった重要素材（Critical Material）を再利用するために回収している。[注31]

また、アップル製品の下取りプログラム「Apple Trade In」で集められた使用済みデバイスからはアルミニウムがリサイクルされ、最新技術を活用してアルミニウム合金を作り出し、それを基にMacBook AirやMac miniのボディ筐体が生産されている。これにより、ボディ筐体のカーボンフットプリントはリサイクル化によって半減した。

アルミ製錬工程でのカーボンフリーを実現

アップルはアルミニウム部品のカーボンフリー化に特に積極的である。アルミニウム大手のアルコア（Alcore）とリオ・ティント（Rio Tinto）は2018年5月、アルミニウム製錬工程でのCO_2排出ゼロを実現するジョイントベンチャー「エリシス（ELYSIS）」をカナダに設立した。同社設立と同時に、アップル、カナダ政府、ケベック州政府はパートナーシップを組み、合同で総額1億4400万ドルを研究開発のために投資した。そして、2020年にこの技術は実用化され、同年に発売された16インチの最新型MacBook Proのボディ筐体の製造に採用された。

なお、アルコアはエリシスでの製錬工程を経たアルミ合金材を、アウディのドイツ工場製ＥＶ「ｅ-Ｔｒｏｎｅ ＧＴ」向けに２０２1年3月より供給しており、自動車向けでのビジネスが既に始まっている。[注32]

アップルはアップルカーでも、アルミニウム部品のカーボンフリー技術を積極的に採用するだろう。エリシスのカーボンフリー製錬技術を活用したアルミ合金を採用するだろうし、日産が導入したようなドアパネルなど大物部品におけるクローズドループ・リサイクル技術にも関心を示すだろう。

紛争鉱物の倫理的調達におけるブロックチェーンの活用

アップルは世界で４００以上の企業や団体が加盟する、責任ある鉱物調達に関する取り組みを主導する民間団体「責任ある鉱物調達イニシアティブ（ＲＭＩ：Responsible Minerals Initiative）」の運営委員会として活動していると、米国証券取引委員会（ＳＥＣ）に提出する「紛争鉱物レポート（Conflict Minerals Report）」[注33]で明らかにしている。アップルはＲＭＩのブロックチェーン分科会にて、鉱物のブロックチェーンのソリューション間でデータの相互運用性を標準化し、データのプライバシーを確保することに取り組んでいる。そして、アップルはこのブロックチェーンのソリューションが紛争鉱物のサプライチェーンのデューディリジェンス（注意義務・努力）をサポートするツールとして使用されるべきであり、鉱山現場や周辺地域で働く人々の利益を考慮する必要があると考えている。

様々な産業を支えるレアメタルの世界的需要が拡大する中、コンゴ民主共和国（ＤＲＣ）及び周辺国で採掘される鉱物資源が、人権侵害や環境破壊などを引き起こす武装勢力の資金源になっていることが懸念されている。レアメタルを原料とした製品を製造・販売する企業に対して、責任ある鉱物調達への社会的対応の要請が一段と高まっており、原材料調達におけるサプライチェーン全体について、ステークホルダーからデューディリジェンスが求められている。このような流れの中で、米国では２０１０年7月に、紛争鉱物に関する規制が盛り込まれた金融規制改革法（通称、ドッド・フランク法：Dodd Frank Wall Street Reform and Consumer Protection Act）が成立し、米国上場企業は自社製品に使用される紛争鉱物に関して、「紛争鉱物レポート」にてその使用および取り組み状況を報告・開示することが義務化された。ＥＵにおいても、２０２1年1月1日から、紛争鉱物規則（Conflict Minerals Regulation：REGURATION（EU）2017/821）が施行され、ＥＵ内の企業はデューディリジェンスを怠っていないことを報告する義務が課されている。

ドッド・フランク法も欧州紛争鉱物規則も、規制対象がＤＲＣと周辺国で産出されるスズ、タンタル、タングステン、金（通称、３ＴＧ）となっている。ＥＵ規則では、工業材料としてのこれら鉱石をＥＵに持ち込む輸入者が対象事業者となっている一方、米国では３ＴＧを含有する電気製品や自動車など最終製品を対象としている。

しかし今後、欧州においても、ドッド・フランク法のように最終製品への紛争鉱物の含有が対象化されたり、対象となる紛争鉱物がコバルトまで拡大される可能性があることから、ブロックチェーンを活用したトレーサビリティプロジェクトが活発化している。

なお、ドッド・フランク法はオバマ政権時代に制定されたが、その旗振り役は当時副大統領だったジョー・バイデン氏だった。また当時、ジャクソン氏はＥＰＡ長官を務めていた。ＳＤＧｓの要諦とも言える社会的包摂につながる、人権・環境問題の解決策のひとつとしての倫理的調達は、米中問題もあってバイデン政権ではより一層重要性が増し、ジャクソン氏の下でアップルのＳＤＧｓ対策でもその取り組みは強化されよう。

コバルトはＥＶの主要部品であるリチウムイオン電池の正極材料として使われており、ＶＷやＢＭＷ、ステランティスなどがブロックチェーン・トレーサビリティの実証実験を続けている。

アップルカーにおいても、コバルト含む紛争鉱物やレアアースなどの重要素材において、ブロックチェーンを活用したトレーサビリティのシステムが構築されよう。なお、アップルは２０２０年頃からブロックチェーン・エンジニアの採用に力を入れている。筆者が理事を務めるＭＯＢＩの分科会メンバーのひとりでドイツ系自動車メーカーのエンジニアも、２０２１年初旬にアップルにヘッドハントされた。サプライチェーンのトレーサビリティに関する専門家であったので、アップルはやはりアップルカーでブロックチェーンを活用した倫理的調達やレジリエンスの構築に力を入れるだろう。

オーストリアでアップルカーを生産するか

2021年7月2日、ジャクソン氏はアーノルド・シュワルツェネッガー氏が主催する「オーストリア世界サミット」で登壇した。[注34] シュワルツェネッガー氏は気候変動に関わる環境団体・イニシアティブを設立しているが、世界中からグローバル企業の経営者などをウィーンに集めてカンファレンスを実施した。

ジャクソン氏は民主党議員でシュワルツェネッガー氏は共和党議員だったが、ジャクソン氏がEPA長官時代にカリフォルニア州知事だったシュワルツェネッガー氏と交流があったようだ。実はシュワルツェネッガー氏はオーストリア・シュタイヤーマルク州の州都グラーツ（Graz）の出身で、1968年に米国に移住した。グラーツはマグナ・シュタイヤーの本拠地で受託製造工場があり、中欧では歴史的に自動車の街として有名である。マグナ・シュタイヤーの親会社マグナ・インターナショナルのCEOであるフランク・ストロナック氏（Frank Stronach）もグラーツ出身である。オーストリアでは、北米で成功を収めながらオーストリアでも大企業を経営するストロナック氏が高く評価されるのに対し、アメリカでの活動に専念し地元との関係が希薄なシュワルツェネッガー氏をよく思わないメディアや評論家がいる。[注35]

図表4-9　ウィーンでシュワルツェネッガー氏と会うジャクソン氏

出所：The Schwarzenegger Climate Initiative

環境推進派であるシュワルツェネッガー氏はジャクソン氏との関係を活かし、アップルカーの生産をマグナ・シュタイヤーに誘致して、故郷に錦を飾りたいと考えていてもおかしくない。全世界的にまだコロナ禍が落ち着かない中、旧知とは言え、ジャクソン氏がカリフォルニアから大西洋を渡ってオーストリアに向かったというのは、ちょっとした出張という類ではないと思われる。ウィーン訪問の前後にわずか２００㎞しか離れていないグラーツにも寄ったのではないだろうか。なお、マグナ・シュタイヤーのフランク・クライン社長は、２０２１年3月４日掲載の日本経済新聞電子版でのインタビュー記事において、アップルとのアップルカー生産に関する交渉の有無

について「ノーコメント」としており、否定はしていない。[注36]

目下、アップルカーをどの会社が製造するか、どこで生産されるかの噂や臆測は絶えない。カーボンフリーの再エネが調達しやすく、サーキュラー・エコノミーが進んでいる欧州であれば、オーストリアのマグナ・シュタイヤーに生産を委託するか。もしくは、すでにアルミのカーボンフリー化や重要素材のクローズドループ・リサイクルが構築された米国にて、他の受託生産会社や自動車メーカーに作らせるか。最初の量産は欧米以外では難しいだろう。どちらにしても、iPhoneがガラケーを駆逐したように、自動車産業の秩序を破壊しかねないアップルカーに対して、世界中で期待と不安が高まる状況は続くだろう。

Mobility ZERO

第5章

ピンチをチャンスに、日本への提言

1 欧州発のゲームチェンジの波に乗り、EV化推進で雇用創出を

さて、本書の最終章では、脱炭素の波が押し寄せている日本のモビリティの未来を創ろうとするポリシーメーカー、自動車業界、これからEV業界に参加しようとする人々に対しての提言を行う。日本の自動車産業が生き残るためのグランドビジョンも示したい。

国際的なルールメーキングでの主導権争い

脱炭素やSDGsというものは欧州のポリシーメーカーが編み出したゲームチェンジャーであるという認識を持つことが重要である。既成概念を破り、既存の産業や企業が活動してきたステージを思い切って変える。リセットボタンを押して新しい土俵をつくる目的は、イノベーションを通じて新しい経済圏を生み出し、それによって自国・地域で新たな雇用を創出することである。既存の技術や概念の範囲内では破壊されるものや雇用が失われることは必ずある。だがそれ以上に新しい雇用を生み出すよう政策を総動員する。ECが急速なEV化を推進して

いるが、まさに今それを実行している。

このような創造的破壊を進める中、新しい土俵においてポリシーメーカーと産業・企業が注力すべきことは何か。それは、新しい経済圏で活動する多くの関係者が共有できる価値のものさしを定義し、そのものさしの使い方を定めることである。すなわち、ルールメーキング（ルールづくり）である。脱炭素においてはＣＯ２またはその削減努力、ＳＤＧｓにおいては倫理的価値といったように、物理的に目に見えないものだが、世界の大多数が価値として認識し共有しようとするムーブメントを起こし、ルールメーカーとしての主導権を握る。これまで述べてきた欧州電池規制やカーボンプライシング、紛争鉱物規則などがその類である。このような錬金術とルールメーキングにおける主導権の掌握は、数多くの民族や文化をルールでもってまとめてきた欧州が得意とする芸当である。

今のままだと日本の自動車産業は負ける

脱炭素やＥＶ化、ＳＤＧｓで出遅れる日本にとっては欧州のやり方は狡猾な印象を持つだろうが、世界的に見れば、このような手技手法は真のグローバル競争で勝ち残るためには必要なスキルと言える。日本はビデオやオーディオといった家電機器や携帯電話など、様々な産業でこの戦いで負けてきた。世界レベルでルールメーカーになれなかったからか、そのルールメーキングに関わらなかったからである。日本人の多くが外国が主導してつくるルールの目的や意味をあまり理解せず、新しいルールをつくることに無関心であることが根底にあると言える。

遂に、日本経済の基幹産業である自動車で同じような戦いが始まった。自動車産業に限らないが、これまで述べたように脱炭素は世界規模の雇用争奪戦であり、新型コロナウイルスのワクチン争奪戦と同じである。少し過激な言葉づかいとなるが、今目の前で起きていることは戦争である。「敵」はパンデミックでダメージを被った経済を立て直すため、自国の雇用を守りそれを増やすことに必死である。世界的なムーブメントに乗り遅れ、オールジャパンで閉じこもって守りの姿勢ばかりでいると、日本の自動車は家電や携帯電話の二の舞を踏み、負けるだろう。未曾有のパンデミックがあったので、その時よりも戦いはより一層熾烈なものとなる。

日本の正論を国際ロビー活動にできなければEV化の流れに従うのみ

自動車業界においては、エンジンの燃費改善という挑戦によって車の進化が追求されてきたが、いよいよ改善できる余地も限定的となってきたところで、競争激化が燃費不正やディーゼル不正問題につながった。またトヨタなど日系自動車メーカーが得意とするハイブリッド技術を、欧米や中国は容易くマネできるものでないということを理解した。自国の雇用を守るためハイブリッド車のハシゴを外すというニーズが生まれた。これらが脱エンジンのドライバーになったと考える。米バイデン政権の誕生が決まった2020年12月以降、脱エンジンの世界的なコンセンサスを形成するのにさほど時間を要することなく、その流れは一気に加速しているというのが現状である。

中国は依然ハイブリッド車をＮＥＶ（新エネルギー車）としているが、中国メーカーとしてもモノにできないこの難解な技術を今から積極的に取り入れようとは考えておらず、自国のＥＶ産業の基盤強化のメドが立つまでのつなぎの技術としてみていると思われる。全土にわたるカーボンプライシングの制度化を進め、エネルギーデータを蓄えるＥＶを新しいデジタル産業として育成しながら、欧米との戦いに向けて着々と準備を進めている。従って、中国自動車産業のＥＶ化のスピードによってはいつ何時、ハイブリッド車がＮＥＶから外されてもおかしくない状況であると言える。

日本の自動車産業は歴史的には後発者であり、ＥＶ化の流れの中で世界における存在感は小さいということを忘れてはならない。これは紛れもない事実だが、自動車の発祥は欧州であり、それを産業として大きく発展させたのは米国である。中国は自動車産業をデジタル産業として捉えているが、その中核であるＥＶで主導権を握りたい。今やその中国の自動車市場は世界最大である。世界自動車工業会（ＯＩＣＡ）の集計データを基にすると、[注1]日本の自動車市場は２０２０年販売実績で４６０万台と世界全体（６９５１万台）の７％だが、ＥＵと英国（合わせて１４０８万台）、米国（１４４５万台）、そして中国（２５３１万台）といったＥＶを積極推進する３大市場合算（５３８４万台）と比べてもかなり小さく、マージナルな位置づけに過ぎない。

日本の自動車メーカーの多くは、ＥＶがＬＣＡの観点でハイブリッド車含むエンジン搭載車より脱炭素で劣ることや、日本が電源構成において不利であることなどを踏まえ、日本政府に対して急速にＥＶ化を進めることへの懸念を示している。訴えていることは正論である。しかし、その正論は日本では賛同者が多くても世界ではマイノリティ（少数派）の意見である。世界潮流となった脱炭素の主要施策がＥＶ化であることを認識している日本政府としては、国益を重視する観点でその正論を聞き入れることは難しいだろう。

日本自動車産業としての正論を国際ロビー活動を通じて世界の世論に訴えることができないのであれば、米中も追随する欧州発の脱エンジンの流れに抗うことなく、それこそ、その潮流を上回るスピードのＥＶ化で難局を乗り越えていかなければならない。

脱炭素という名の雇用争奪戦

欧米はＥＶ化で雇用を創出しようとしているが、ＥＵの国境炭素税の導入を米国や中国も追随するということになれば、脱炭素という名の国際的な雇用争奪戦が激化する。欧米中にとっては雇用を奪う先が日本になる。日本がこれに対抗するためには、ＥＶ化を進めることで雇用を創出するという発想が必要となる。脱エンジンで攻めることが雇用を守ることにつながるのである。

図表５−１にて表すが、２０２０年の日本の自動車生産台数は８０７万台だったが、輸出台

図表5-1　日本の自動車生産の約４分の１が欧米中に輸出されている

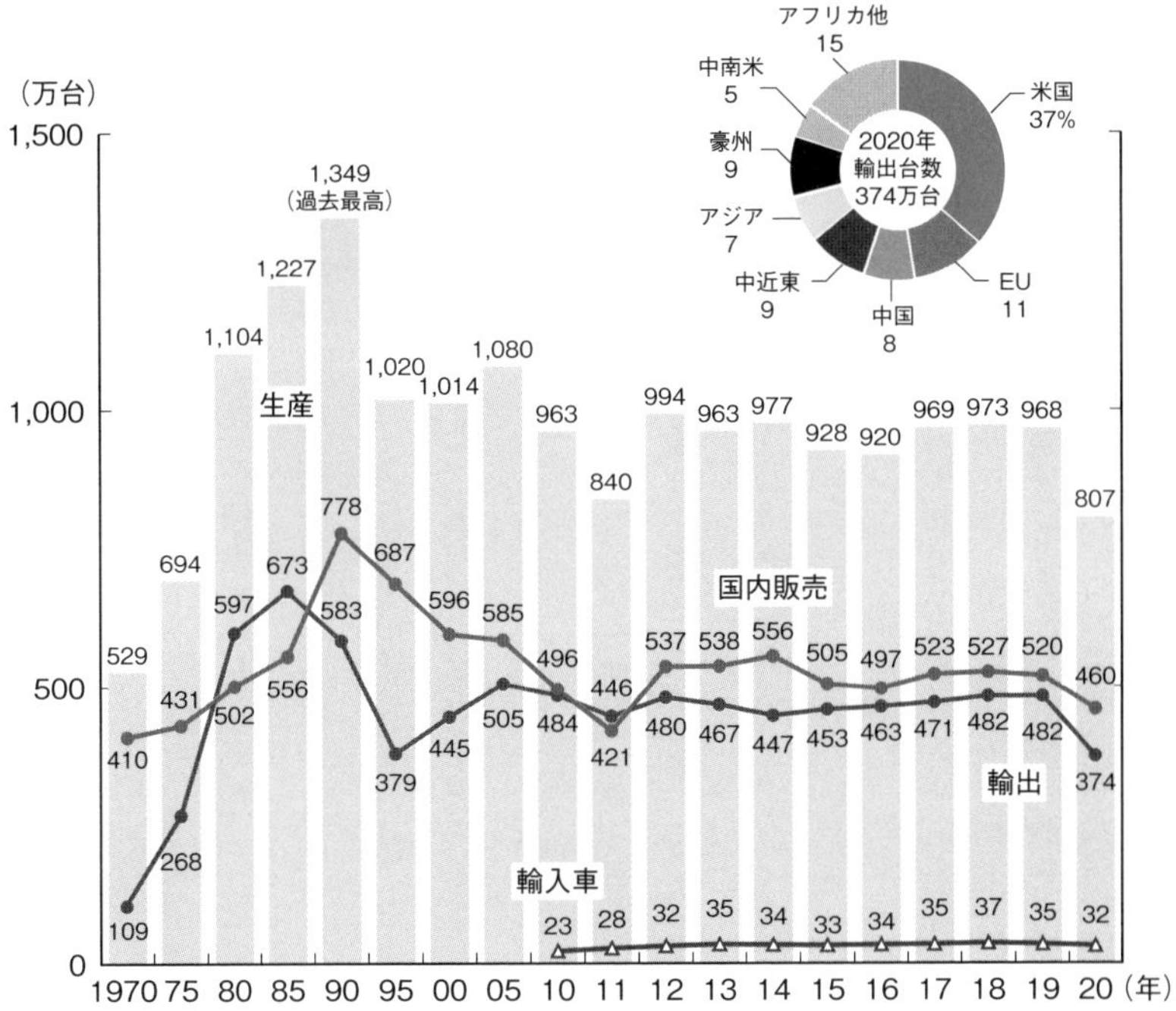

出所：日本自動車工業会の集計データを基に筆者作成

数（３７４万台）はその46％の規模である。輸出車両の仕向地を見ると、欧米向けが半分弱で、中国を合わせると過半を占める。日本の自動車生産の約４分の1もの台数が、ＥＶ化が急速に進む地域に輸出されていることになるが、これら地域ではエンジン車の需要が中長期的に消滅していく。そして、ＥＶを輸出したとしても、日本でカーボンプライシングの制度化が遅れるようであればグリーン関税をかけられてしまう。

一般的に、自動車メーカーの損益分岐点比率は70～80％の水準にある。ＥＶ推進国に採算が取れるＥＶを輸出できないと、国内の自動車工場の操業度は損益分岐点を下回り赤字に陥ることになる。再エネが調達しやすい海外でＥＶを生産できるような体力ある自動車メーカーは、生産能力の海外移転を進めるだろう。一方で、海外移転できない工場では人員の削減を余儀なくされる。結局、ＥＶ化の流れに逆らうと、車1台あたりの部品点数を維持できたとしても、減産による収益の悪化で雇用を減らさざるを得なくなる。従って、雇用を維持するためにはＥＶ化を推し進めなければならない。

欧米が目指すカーボンニュートラルではＥＶ化推進政策と再エネ発電政策はセット

日本の自動車産業の雇用規模を図表５－２で示すが、自動車関連就業人口は日本全体の８・1％に当たる５４２万人となっている。

ＥＶ化によって雇用に影響が出る可能性が高いのは部品製造であるが、同分野での就業人口

図表5-2　EV化で部品製造での雇用が削がれる

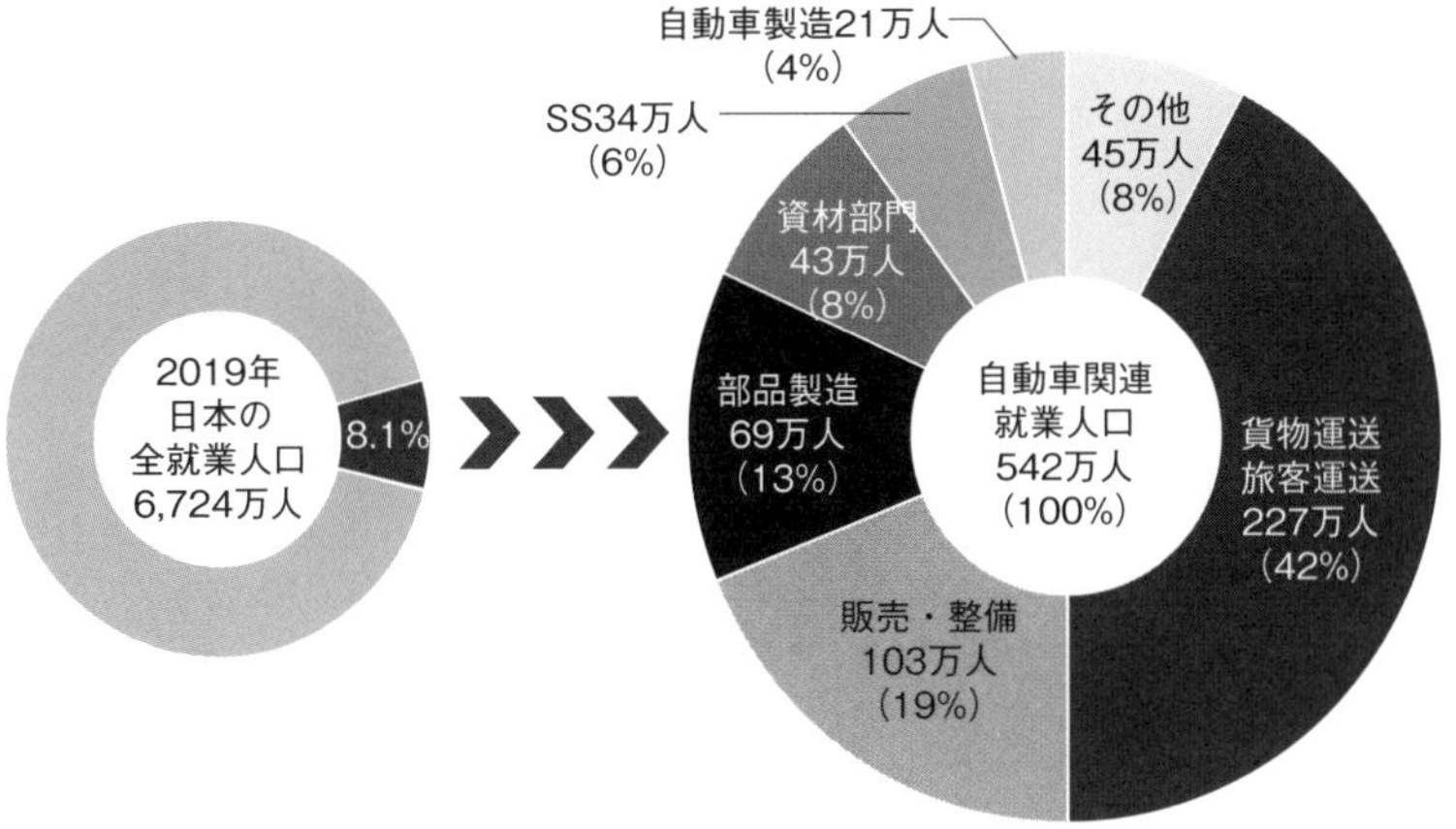

出所：日本自動車工業会「日本の自動車工業2020」を基に筆者作成

は69万人である。ガソリン車がＥＶに置き換わることによって、エンジン部品や駆動・伝達、操縦部品等が不要となり、約３万点と言われる部品点数が約４割減るおそれがある。[注2] 69万人のうちどれだけの数がこれらの部品の製造に携わるのかは正確に把握できないが、単純計算して69万人のうちの４割、すなわち約28万人が雇用を失うという規模感は非現実的ではないと考える。

部品点数減少に伴う雇用削減を最小化するため、企業は人員の配置転換や業態変革により雇用を守ることに加え、国や自治体もそのような事業改革を政策でサポートするのは自然な流れであろう。それでもカバーしきれない雇用喪失分は、ＥＶ化により生まれる需要を賄う産業での雇用増加で穴埋め・吸収することを考える。その新規

図表5-3　雇用創出力のある再エネ産業

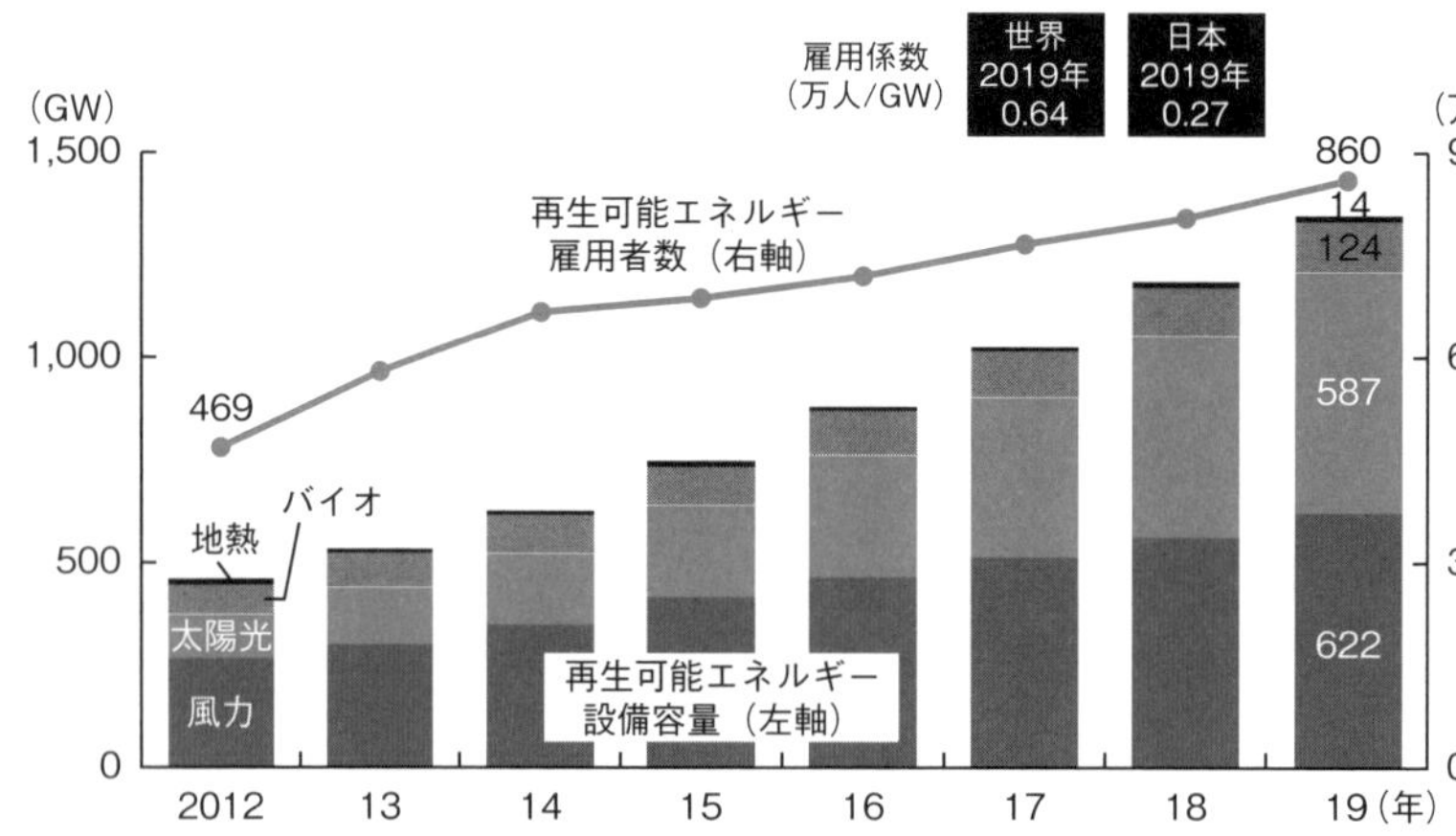

注１：水力発電及び太陽熱冷暖房を除く
注２：「バイオ」は液体・固体バイオ燃料及びバイオガスを含むバイオエネルギー
出所：国際再生可能エネルギー機関（IRENA）データベースを基に筆者作成

需要は主に再エネ産業で生まれる。

図表5－3では、国内外のポリシーメーカーが参考にする国際再生可能エネルギー機関（IRENA）が集計した、全世界での再エネ設備容量と再エネ関連の雇用者数を示している。[注3] 再エネの設備容量は2012年の459GW（ギガワット）から2019年の1348GWまで拡大したが、同期間で再エネ関連の雇用者数は469万人から860万人にまで増加した。これらの数字を基に計算すると、2019年の再エネ1GWあたりの雇用者数（雇用係数）は全世界平均で6400人となり、生産性が高く人件費が高い日本では世界平均を下回るが2700人となる。

日本は２０５０年のカーボンニュートラルを目指しており、同年の電源構成における再エネ比率を５～６割にするとしている。再エネの導入拡大を牽引するのは太陽光発電と風力発電になるが、２０１９年から２０５０年にかけて、設備容量は太陽光が61ＧＷから２６０ＧＷへ、風力は４ＧＷから90ＧＷへ拡大すると経産省は試算している。[注4]従って２０５０年に向けては、太陽光と風力で合わせて２８５ＧＷの設備容量が追加されるため、雇用総数は77万人（２８５ＧＷ×２７００人／ＧＷ）増えることになる。実際のところは、２０５０年までに既存の太陽光パネルは耐用年数を迎えるため、パネルの更新需要の発生に伴う増産やパネル設置にかかる追加労働が必要となる。従って、77万人を上回る雇用創出効果を見込むことは可能であろう。

もちろん再エネの拡大分がすべて自動車産業向けに充当されるわけではないが、ポリシーメーカーはＥＶ化促進による自動車産業での雇用喪失に関しては、配置転換や業態変容、再エネ産業での雇用増加で充分に吸収できると判断することができる。

従って、欧米のように日本でもＥＶ推進政策を雇用創出策として捉えることはできると考える。そして、カーボンニュートラル実現に向けての過渡期対応となるカーボンプライシングにおいては、排出枠取引でイノベーションと雇用創出力を引き出すために、自動車（ＥＶ）と発電（再エネ）をセットとして対象産業にするのが適切である。

日本にもフェニックス、ドレスデンに次ぐ「半導体・EVの城下町」を

EV化推進に積極的な米欧では、半導体産業の集積地でEVの生産能力拡張や新工場設立が相次いでいる。海外企業の誘致を含む先端産業の集積を進めることで雇用を創出しようとする、国や地方自治体のバックアップが背景にあるが、半導体産業の集積促進とEVの産業新興が同時に進んでいることがポイントである。

米アリゾナ州では、20世紀前半のニューディール政策によりコロラド川でダム開発が積極的に行われたことから、電力供給が豊富である。この地の利を活かして、ゼネラル・エレクトリック（GE）を中心とした電気機械産業とハネウェルやロッキード・マーティン（Lockheed Martin）、ボーイング（Boeing）などの軍事・防衛・航空機産業といった、米国を代表する製造業者が長年にわたって基幹工場を稼働させており、ハイテク産業の基盤が整っている。

1970年代後半からは、「シリコン・デザート（Silicon Desert：シリコンの砂漠）」と呼ばれるほどに半導体産業の集積が進んでおり、州都フェニックス（Phoenix）近郊のチャンドラー（Chandler）にはインテルのマイクロプロセッサーやNXPのマイコン工場がある。また、1999年にモトローラ社の半導体事業がスピンオフして設立された、大手半導体メーカーのオン・セミコンダクター（オンセミ）もフェニックスに本社がある。

最近では、２０２1年3月にインテルが２００億ドルを投資してチャンドラーの既存の2拠点に工場を新設し、２０２４年の稼働開始に向けて生産能力を拡張すると発表した。なお、インテルは１９８０年にマイコン製造でチャンドラーに進出している。更にＴＳＭＣも、２０２0年5月に１２０億ドルを投じる新工場をフェニックスに建設すると発表したが、この新工場も２０２４年の稼働開始を目指している。

アリゾナ州には新興ＥＶメーカーも次々と進出している。米ルーシッド・モーターズはフェニックス近郊のカサ・グランデ（Casa Grande）で工場を建設し、２０２1年春から試作車の生産を始めた。３Ｄプリンターで車体を製造する自律走行シャトルメーカーのローカル・モーターズ（Local Motors）は、２００7年にチャンドラーで創業した。加エレクトラメカニカ（ElectraMeccanica）は3輪ＥＶを開発するが、２０２1年5月に同じくフェニックス近郊のメサ（Mesa）で新工場建設に着手した。なお、アマゾン傘下のリヴィアンもメサを新工場の建設候補地に入れている模様である。注5

ＴＳＭＣはアリゾナ州でハイテク分野における１６００人以上の雇用を創出するといい、インテルも長期的に1万５０００人の雇用を生み出すと公言した。バイデン政権は海外半導体企業の誘致に注力している。アリゾナ州政府は地元大学での人材育成プログラムを充実させたり、半導体企業の従業員家族のために学校の設立などを進める。そして、ＥＶ新興企業に対しては、アリゾナ製ＥＶを州外販売した場合に法人税を大幅に引き下げるといった優遇税制を導入している。昨今、半導体不足が深刻化する中では、半導体工場が近くにあることが、新興企業にとっての同州の魅力を高める一因にもなっている。

欧州では、域内最大の半導体産業クラスターがある独ザクセン州ドレスデン（Dresden）を中心とした「シリコン・ザクソニー（Silicon Saxony）」の注目度が上がっている。ドレスデンで半導体産業の基盤が構築され始めたのは、第2次世界大戦後の旧東ドイツ時代、核開発のためソ連に送られたヴァーナー・ハルトマン博士（Werner Hartmann）が１９５５年に電子物理研究所（ＡＭＥ）を設立したことに始まる。外貨獲得のため半導体・電子機器産業を重視した旧東ドイツ政府は、ＡＭＥを中心に半導体の研究開発を進めながら、電算機や通信機、プリンターなど電子機器産業を育成し、旧東ドイツのみならず東欧へと商圏を拡げていった。東西ドイツ統合後の１９９４年にはシーメンス、１９９５年には米ＡＭＤがドレスデンに半導体製造工場を立ち上げた。なお、シーメンスは１９９９年に半導体製造部門をインフィニオン・テクノロジーズとして分離・独立させたが、ドレスデンには同社の世界最大の工場がある。シリコン・ザクソニーは現在、半導体関連企業を中心に約２３００社、約6万人の雇用を抱えている。[注6]

ＥＵとドイツ連邦政府は更なる雇用を創出し、より確かな経済安全保障を構築するため、シリコン・ザクソニーにおける半導体生産の強化を急いでいる。２０２１年6月、ボッシュは同社の単独投資としては最大の１０億ユーロをかけてドレスデンで半導体の新工場を開いた。独政府はこの工場の設立のために2億ユーロを拠出した。ＥＵは一般的に加盟国の企業に対する補助金に厳しい規制を設けているが、ボッシュの新工場は「欧州共通利益に適合する重要プロジェクト（ＩＰＣＥＩ）」としてドイツ政府の補助を例外的に認めた。

そして、ＴＳＭＣの劉徳音会長は２０２１年7月26日、ドイツに半導体新工場を設立する検討を始めたことを明らかにしたが、ドイツの業界関係者の間ではドレスデンが最有力の候補地とされている。[注7]

ＥＶ産業の基盤構築もシリコン・ザクソニー周辺で進んでいる。ＶＷグループはドレスデンと同じくザクセン州のツヴィッカウ（Zwickau）の2工場でＥＶの主力車種を生産している。ドレスデンから西に２００ｋｍ離れたエアフルトでは前述したＣＡＴＬの新工場が立ち上がり、北に２００ｋｍ行ったベルリンではテスラの欧州初となる新工場が近く稼働を開始する。いずれも、ドイツ政府やテューリンゲン州政府、ベルリン市による海外優良企業の積極誘致が実を結んだケースとなる。

日本にもフェニックスやドレスデンのような「半導体・ＥＶの城下町」が必要である。本章の最終節では、ＴＳＭＣが進出先候補としている熊本でＥＶ工場を設立するシナリオを示す。

日本製ＥＶの輸出戦略

世界的なＥＶ化の流れに乗る上では、日本製ＥＶの提供価値を再定義する必要があろう。次節以降で詳述するが、内需においては、軽自動車のＥＶ化による地域経済の活性化がまず求められる。そして、外需に関しては、ＥＶにおける世界最高水準のサプライヤーが中国含むアジアに集結しているという地の利を活かし、オールアジアでの調達力の強さを活かしたメイドイン・ジャパンのＥＶを世界に供給するシナリオを考えてみたい。

ピンチをチャンスに変える好機である。この難局を乗り切るためのヒントは日本の中にこそ眠っている。

2 軽ＥＶが地域経済活性化のカギを握る

「これからは田舎の時代です」

２０１９年12月に静岡県掛川市で開かれた軽トラ市の全国大会に駆けつけた、スズキの鈴木修氏（当時会長）の言葉である。[注8]「地域の足」として需要の多くが地方にある軽自動車は、その地方でまだまだ多くの可能性を引き出す力を秘めており、地域活性化のカギを握っている。軽自動車にもＥＶ化の波が押し寄せる前の言葉であったが、軽自動車がＥＶ化するとそのポテンシャルはより一層大きなものになろう。日本自動車産業のＥＶ化のカギは軽ＥＶが握っていると言っても過言ではない。

ＳＳ過疎地問題による地方のライフライン脆弱化

日本自動車工業会による「軽自動車の使用実態調査」注9において、軽自動車の存在意義として記されているが、軽自動車は「買物」「通勤・通学」などの移動手段、病院・金融機関など公共施設へのアクセス手段として、生活に欠かせない存在となっている。特に人口密度の低い地方では、住民が公共交通機関を不便と感じており、軽自動車はライフラインとして捉えられている。

軽自動車は地方の多くの住民の生活において不可欠な社会インフラとして存在しているが、大きな問題に直面している。経営難に陥ったサービスステーション（給油所：ＳＳ）の廃業が相次ぎ、近隣にＳＳがない住民が自家用車への給油がしづらくなるといった、いわゆる「ＳＳ過疎地問題」が顕在化した市区町村が増えているのである。

図表５－４では日本のガソリン需要とＳＳ数の推移を示している。ＳＳ数は２０００年代に入って減少トレンドに入ったが、その背景にはハイブリッド車の普及による車の燃費改善があ

図表5-4　車の燃費改善によるガソリン需要低迷でSSが減少

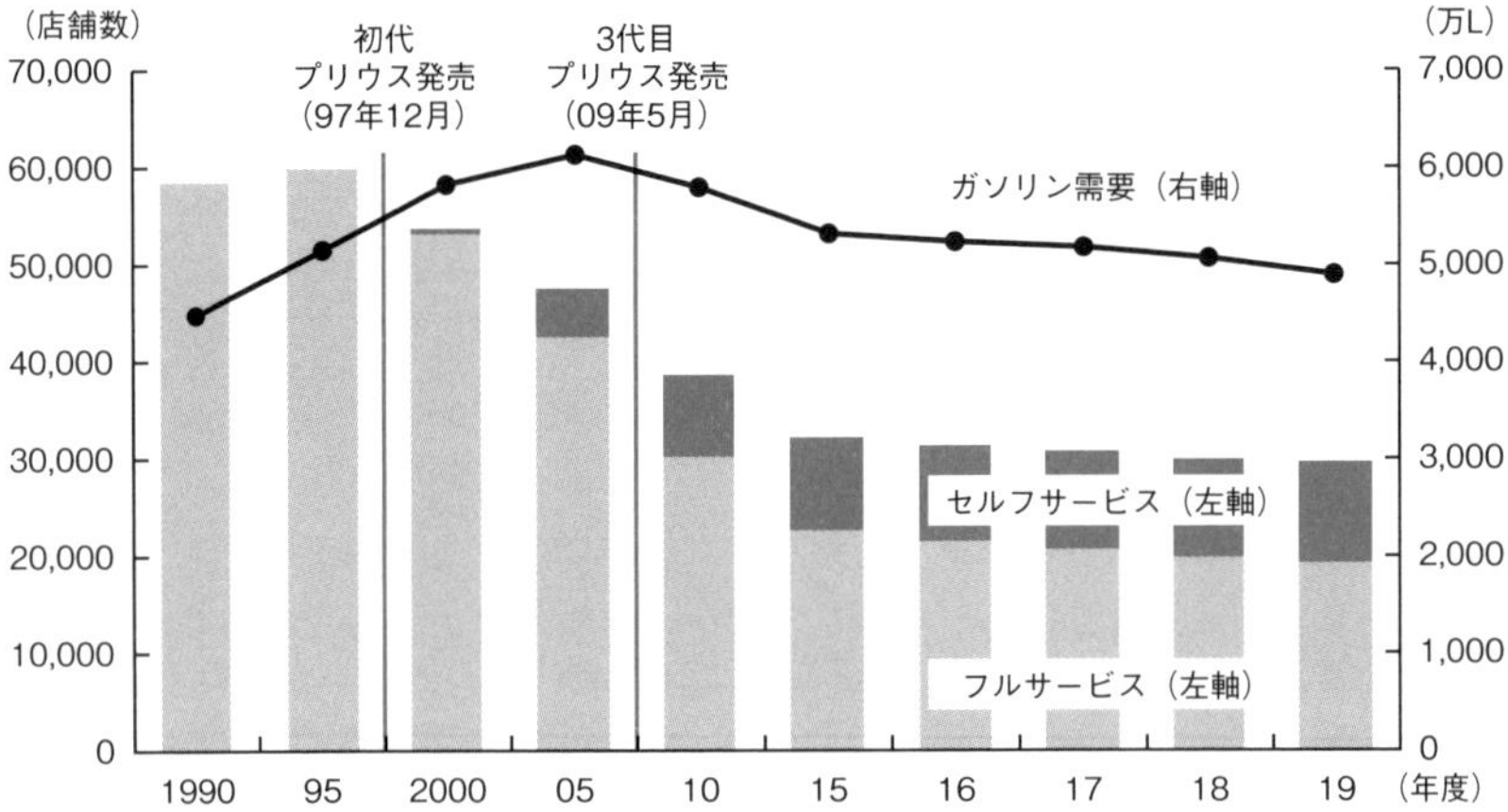

出所：経済産業省「資源・エネルギー統計」を基に筆者作成

る。1997年12月に初代プリウスが発売されてから、ガソリン販売の減少による経営悪化でSSを廃業するケースが増えた。地方では高齢化による人手不足という要因も加わり、フルサービス店舗をセルフサービス型に切り替えるといった対策が打たれた。しかし、3代目プリウス（2009年5月発売）が2010年に51万台の大ヒット商品となり、ハイブリッド車種が増加したこともあって、ガソリン需要は2010年以降右肩下がりとなった。それに伴い、SS数は更に減少した。

SS過疎地とは、市町村内のSS数が3カ所以下の自治体として定義され、経済産業省が2013年から公表している。2017年からは、最寄りSSまでの距離が15km以上ある住民を抱える自治体も公表され

図表5-5　SS過疎市町村が増加中、地下タンクの老朽化も廃業の一因

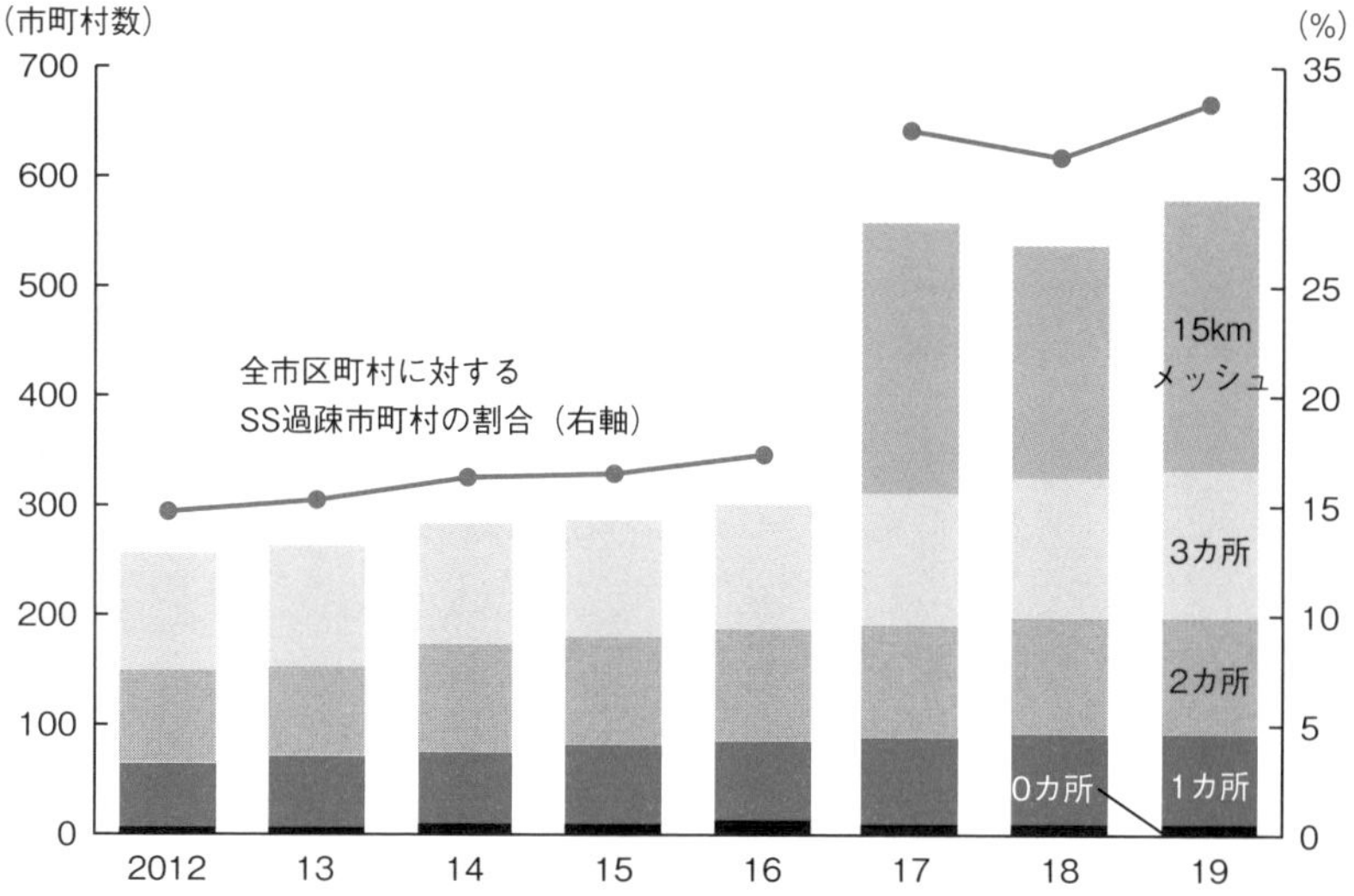

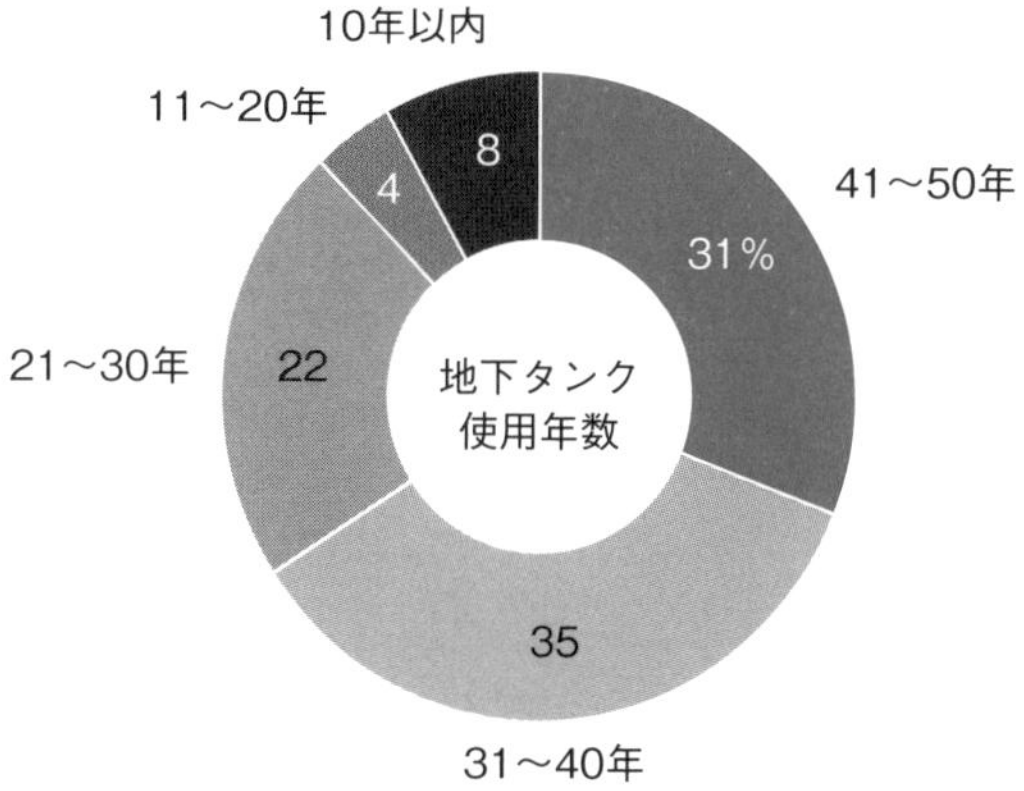

注：市町村内のSSが3カ所以下または最寄りSSまでの距離が15km以上ある住民を抱える自治体
出所：経済産業省「SS過疎地対策ハンドブック」（平成29年5月改定）を基に筆者作成

ている。図表5－5（上図）でSS過疎市町村数の推移を示すが、その数は年々増加しており、2019年は332市町村となっている。これは日本全国の1741の市町村総数の19％にあたる。そして、最寄りSSまでの距離が15㎞以上ある住民を抱える自治体（「15㎞メッシュ」）を合わせると33％となる。日本全国の3分の1の市町村の住民が「給油所難民」になっていることになる。

地下タンクの老朽化によりSS廃業がさらに増える可能性

今後、SS過疎地はさらに増える可能性が高い。地方での過疎化進行によるガソリン需要の更なる減少と従業員及び後継者確保の困難に加え、SSの地下貯蔵タンクの老朽化という問題を抱えるSSが多いからである。日本ではSSの地下貯蔵タンクからの危険物（石油等）の流出事故が相次いだことから、2011年の消防法改正により、SS事業者は設置年数40年以上のタンクを補修する義務が課されている。改修に伴う費用は補助金を活用してもSS1店舗あたりで数百万円かかる。加えて、義務化された補修対策を講じた場合でも、補修から10年後を目処とした法定点検において、漏洩の危険性が指摘された場合には、タンクの入替対策が要求される。地下タンクの入替費用は補助金を使っても数千万円と非常に大きく、すでに収益環境が厳しいSS事業者の経営を更に圧迫することになる。

図表5－5下図に示すように、経産省がヒアリングした範囲においては、地下タンクの使用

年数が31年以上のＳＳは総サンプル数の３分の２も占めている。これらのＳＳでは、10年以内にタンクの改修または入替を行わなければならない。日本の自動車市場もＥＶ化が進むことが明確になり、ガソリン需要の見通しは今後も厳しくなることから、タンクの改修・入替をせずにＳＳを廃業する事業者が増える可能性が高い。地方におけるライフラインの脆弱化は更に進むおそれがある。

軽ＥＶの普及が地方におけるライフライン脆弱化をカバーする

軽ＥＶはこの構造的問題を解決できる。

住民が乗用ユースで軽自動車を使う場合は、地域内における買い物や通学の送り迎えなどの利用が多いため、宏光ミニのような航続距離が短くても廉価なＥＶの潜在需要は大きいと言える。家庭用コンセントで夜間充電することができるため、ＳＳ過疎地であっても安心して利用することができるからだ。

農家を含めた事業者が商用ユースで軽自動車を使う場合は、乗用よりも長い航続距離が必要だろうから、地域内に急速充電器の設置を増やすことが望ましい。

ＳＳにとっては、老朽化したタンクの入替費用よりも急速充電器を導入するコストの方が小さくなる。自治体が地域のＥＶ化をサポートできるのであれば、ＳＳにおける充電器の設置や暖房用の灯油の供給能力の確保に必要な費用を補助金でカバーすることにより、地域のライフ

図表5-6　地域充電ネットワークをSS以外の数多くのライフラインや店舗が構築できる

ライフライン	店舗数	小売・外食	店舗数	金融機関	店舗数
給油所（フルサービス＋セルフ）	29,637	新車ディーラー	14,406	金融機関	29,183
急速充電器設置数	7,700	中古車専業大手	1,744	都市銀行	1,807
郵便局	24,313	ドラッグストア	17,340	地方銀行	7,776
うち　過疎地	7,794	食品スーパー（小型以外）	14,771	第二地銀	2,719
コンビニエンスストア	58,482	ファミリーレストラン	10,204	農林中金系列	7,477
鉄道駅	9,249	ホームセンター	4,471	信用金庫	7,176
道の駅	1,193	家電大型専門店	2,508	信用組合	1,614
宅配事業所（上位３社）	10,621	総合スーパー（GMS）	1,285	労働金庫	614

出所：各種統計[注10]を基に筆者作成

ラインの脆弱化を防ぐことができる。

欧州では、石油元売大手のロイヤル・ダッチ・シェルがSSにおける急速充電器の設置を増やし、普通充電ネットワークで欧州最大手の独ユビトリシティを買収するなど、EVインフラ企業への業態変革を急いでいる。日本でも同様の動きが出てきてもおかしくない。

加えて、充電器であれば、図表5－6で示すような、SS以外のライフラインとなり得る、小売や外食などの他業種、そして金融機関の店舗でも設置が可能であるため、充電ネットワークという社会インフラの構築費用を地域全体でカバーすることができる。

充電ネットワークが充実していれば、地域内にあるEVの車載電池内に余剰電力を確保し、また、その余剰電力を住宅や事業所に分散配置することで、地震や台風、洪水といった自然災害により一時的にコミュニティが分断されても、ＥＶを非常用電源として活用することができる。地域住民にとってのライフラインである軽自動車は、ＥＶ化することによって、地域の足としての移動手段だけではなく、災害時のレジリエンス強化という新しい役割を担うのである。

マイクログリッドと地域デジタル通貨の活用

そして、軽ＥＶで日本ならではの提供価値を追求するのであれば、ＥＶを地域マイクログリッドと融合させるためのＶ２Ｘ技術を搭載させるのがよいと考える。

充電スタンドに供給する電力は再エネにし、地域の脱炭素実現と再エネ関連雇用の創出を目指す。ブロックチェーンとＩｏＴを活用して、セキュリティを確保しながら、地域内に点在する充電ステーションをインターネットでつないでプラットフォームを構築する。ＥＶと充電ステーションとの間での自律決済や、ステーションの空き状況の確認（データ共有）などを可能にする。結果として、充電スタンドのオーナーとユーザー双方の利便性が向上し、充電スタンドの設置拡大につなげることができる。ちなみに、このような取り組みは２０１９年から、北海道電力がブロックチェーン開発企業と共同研究している。

また、再エネ充電をしたＥＶオーナーに対して、独自の地域デジタル通貨をトークン（ご褒美）として与え、その地域通貨を行政含む様々なサービスの消費で使えるようにする。ブロックチェーンを活用した地域デジタル通貨は、様々なサービスやコミュニティを結びつけ、相互に支え合う仕組みを構築する。結果として、地域の埋もれた価値を通貨として可視化・定量化し、その通貨を流通させることで地域経済が活性化する。このような取り組みも、日本の地方自治体ですでに検討・導入されようとしている。

軽ＥＶと充電器の普及は地域活性化に欠かせないツールとなろう。

自律走行シャトルは軽ＥＶベースでないと地方では走れない

本節の最後は、地域活性化に貢献する次世代型モビリティである自律走行シャトルを軽ＥＶをベースにつくることで、その実用性と実現性が一層高まるということを強調したい。

バスやタクシーの運転手不足に悩む地方の公共交通機関は、自家用車を持たない「交通弱者」である高齢者を居住地域と最寄り駅の間で運ぶため、自律走行型の低速ＥＶシャトルの導入に関心がある。自律走行シャトルの公道実証実験は、日本でもすでにいくつか実施されている。その中で、地方における運行での課題のひとつとして、シャトルのサイズが挙げられることが多くある。軽自動車が普及している理由のひとつでもあるが、地方では多くの道の幅が狭いので、最小回転半径が長いシャトルはカーブを曲がったり、交差点で右左折することができないことが多々ある。やはり、シャトルも地方で走るためには軽自動車の規格でつくることが望まれる。

自律走行車は交通弱者の多い地方でのニーズが大きいが、これは日本に限った話ではない。従って、自律走行可能なＥＶを日本独自規格の軽自動車サイズでつくることができれば、この日本ならではの技術は海外でも需要を掘り起こすことができるだろう。

3 世界最高峰の供給網——熊本にＥＶ工場を立ち上げる

最後に、日本が世界に誇れるＥＶをつくるシナリオを考えてみたので、読者とシェアしたい。

それは、熊本にＥＶの工場を立ち上げるというものである。

アジアの良さを引き出すサプライチェーン構築力を日本の強みに

ルールメーカーになれない日本は、欧米が仕掛ける脱炭素・ＥＶ化というゲームチェンジやそこで決められたルールに従いながら、日本ならではのＥＶをつくらなければならない。前節では、「何のＥＶをつくるか（What）」について、軽ＥＶが有望だという考えを述べた。本節では「どのようにつくるか（How）」を考えてみる。

日本の自動車産業がリーダーシップを発揮できるのはアジアである。そのアジアでは世界トップレベルのサプライチェーン・ネットワークが既に構築されている。日本は近接するそのネットワークを上手く活用して、ＥＶを構成する主要部品を世界最高レベルのアジア企業から調達することができる。もちろん日本が強い国産部品も入れながら、それらの部品で構成するＥＶを日本で丁寧に組み立てる。アジアで集めた良い部品でつくるＥＶがカタログ通りのパフォーマンスをだすようにするため、部品の選別眼と安定品質を実現する量産技術を日本の提供価値として再定義する。

人件費が高い日本でつくるので、値段が安いＥＶはやはりつくれない。しかし今、ＥＶでは脱炭素やＳＤＧｓといった新たな価値を価格に反映することができるようになったので、これらの新しい価値を裏付けるデータをトレーサブルにし、メイドイン・ジャパンのラベルを付けたＥＶをつくれば、プレミアムを払ってでも買おうとする需要家はいるだろう。

日本はアジアの良さを引き出す役割を担い、オールアジアをまとめられるような包容性も備えたサプライチェーン構築力を強みにするのが良いと考える。

熊本を中心にした半径1500キロメートルの円を描く

熊本を中心に半径1500kmの円を描いてみると、その円の中にはEVにおける世界トップレベルの企業が集結しているのが分かる（図表5－7）。

特に熊本から西方に目を向けると、熊本を要にして、ちょうど1500km地点にある中国・北京と台湾・高雄を半径にした扇の弧の中心には、中国の多くのEV工場が集結する武漢エリアが位置づけられる。この扇の中には、世界トップの車載電池メーカーであるCATLの本社及び主力工場（福建省寧徳及び上海）に加え、同じく世界最大の半導体ファウンドリーであるTSMCの本社及び最先端工場がある新竹サイエンスパークが入る。

同じ円の円周には札幌も位置づけられるので、日本のほぼ全土をカバーしているが、日本企業が高い世界シェアを誇るパワー半導体や、車載半導体（ルネサス）の工場も集まっている。

車載電池では、韓国LGエネルギーソリューションの主力工場がある韓国・忠清北道清州市の梧倉（オチャン）科学産業団地に加え、日系のプライムプラネットエナジー&ソリューションズ（PPES）の日本と中国の工場や、リチウムエナジージャパン（LEJ、滋賀県栗東市）も入る。

EVを構成する「三種の神器」のうち車載電池以外のモーターとインバーターで世界シェア約2割を誇るデンソーに加え、成長著しいトラクションモーターシステムを生産する日本電産

図表5-7　熊本を中心とした半径1500kmの円　ＥＶの世界トップ企業が集結

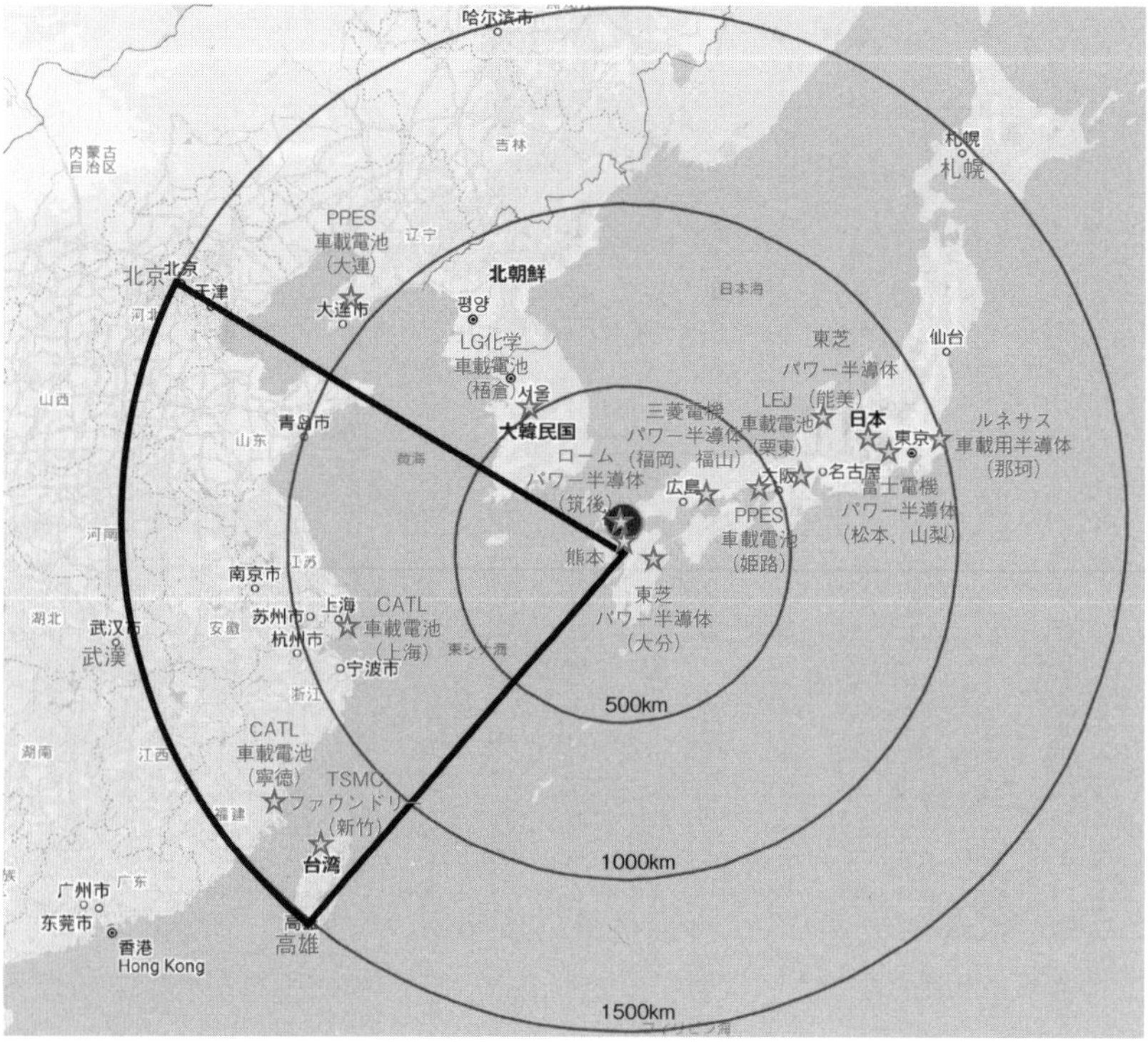

出所：Google Mapを基に筆者作成

も入っている。

需要地として見ても、世界最大のＥＶ市場である中国の北京及び沿岸部にすぐに車両供給できるという利点もある。

ＥＶを生産するのに欠かせない最先端半導体と車載電池、その他の主力コンポーネントはこの円の中に収まっており、世界的にみても魅力的なＥＶ供給網を熊本を中心にした経済圏として構築することができるのである。

歴史を振り返れば、日本の近代において、九州の中心は明治の半ばまで熊本が担っていた。明治政府は１８７３年に、後に「第六師団」に組織改変される「鎮西鎮台」を熊本に設置した。熊本は軍都として発展し、師団司令部は熊本城に駐屯、第六師団は日清・日露戦争等に出兵して戦果を挙げた。

そして、明治から大正にかけて、九州では日本政府の出先（地方）機関の多くが熊本に集まり、ナンバースクール（官製の高等教育機関）の第五高等中学校（熊本大学の前身）、逓信省（現総務省）の出先である熊本逓信局、大蔵省（現財務省）の専売部門を担う専売局熊本支局があった。

現代の言葉に置き換えれば、熊本にはアジア経営における戦略部門、教育・Ｒ＆Ｄ機関、ＩＴとファイナンスの専門部隊がいたことになる。脱炭素・ＥＶ化というまさに世界的な戦争で日本の自動車産業が勝ち残るための戦略を策定し、組織をつくる上では、熊本にその素地があると言える。

TSMCの悩みを解消できる熊本の水と火山

この熊本を中心としたEV供給網の構築というシナリオを考えたきっかけは、TSMCが同地で半導体工場の建設を検討していることにある。なお、本書執筆時点では、TSMCの魏哲家CEOが7月15日の記者会見で日本での工場建設に関して投資リスクを見極めているとコメントしていることから、日本進出の検討段階にあるのは確認できている。[注11] ソニーが世界トップシェアを持つイメージセンサーの主力工場が熊本県にあり、現在同部品向けにファウンドリービジネスを担うTSMCは熊本を進出先候補としているようである。

今やTSMCの車載半導体なくして車は生産できない状況であるので、TSMCの日本進出は日本の自動車産業にとっても心強い。しかしTSMCは、日本の経済産業省が誘致のために用意する補助金を利用できたとしても、需要が小さい日本に進出するにあたって、数兆円レベルにもなる工場新設投資や人材確保を含めた長期的なコストに見合ったものになるかを慎重に見極めているに違いない。

TSMCに対してアピールできる日本の提供価値は、以下の3つが挙げられよう。①中国の軍事力強化で高まる地政学リスクの分散、②半導体生産で不可欠な水と脱炭素を実現するために必要な再エネの供給能力、③車載半導体の需要の受け皿としてのEVの生産能力、である。

ＴＳＭＣの劉徳音会長は前述の会見と同じ日に、「台湾における半導体サプライチェーンは誰も破壊を望んでいない（半導體供應鏈在台灣、沒人希望破壞發生）」と発言した。注12 ＴＳＭＣの幹部が地政学リスクについて発言することはあまりないので、日本での工場建設を検討している背景に地政学リスクの高まりがあるのが分かった。従って、地政学リスクの分散に関しては、日本の提供価値は評価されており、これが日本進出における最大の理由であろう。

ＴＳＭＣが頭を悩ませているものに台湾における水不足問題がある。２０２１年も繁忙な中で水不足に陥る時期があった。半導体関連工場が集まる九州が「シリコンアイランド」と呼ばれる所以でもあるが、世界最大級のカルデラと雄大な外輪山からなる熊本・阿蘇には世界有数の水資源がある。ＴＳＭＣは熊本では水不足に悩むことはない。

ＴＳＭＣは今後もうひとつの「不足」に悩まされるだろう。それは半導体製造の脱炭素化に必要な再エネの調達である。台湾は発電量の８割以上を火力発電に依存している。降水量不足により水力発電を増やすことが難しく、国土面積が小さいので太陽光パネルを設置できる土地が少ない。日本同様だが、洋上風力発電は技術改善や環境アセスメントに時間がかかるため短期的に大きく増やすことができない。主要顧客であるアップルを含む客先からの脱炭素化要求に応えるためには、ＴＳＭＣは再エネ調達がしやすい海外での生産を検討する必要がある。

九州は日本の中でも太陽光や風力といった、いわゆる自然変動型再生可能エネルギー（ＶＲＥ）が豊富にある地域であるが、実はＶＲＥの供給量が需要を上回っており、「発電しすぎ問題」を抱えている程である。大量のＶＲＥを必要とする需要家の獲得が急務であり、再エネ調達を急ぐＴＳＭＣと思惑が一致する。加えて、熊本には季節や天候に左右されないカーボンフリーな再エネとして、火山エネルギーを活用した地熱発電も存在する。火山がある熊本には、長期安定電源となる地熱発電を拡充できるポテンシャルがあり、再エネ調達の持続可能性を維持・向上する上で、大量の電力を消費するＴＳＭＣにとっては魅力的な土地だと言える。

そして、地政学リスクの分散と２つの「不足」を解消できる地の利を活かしながら、ＴＳＭＣにとって長期的な需要を確保するものとして、日本におけるＥＶの生産能力の拡充が挙げられる。従って、ＴＳＭＣの進出先候補の熊本にＥＶ工場を設立することが望ましいと考える。

豊富な火山エネルギーと畜産資源――ブロックチェーン社会発展のための好条件

日本では現在、「自然公園法」によって、地熱資源量の約８割が存在する国立公園や国定公園内に地熱発電所を建設することが難しい状況である。また、温泉への影響が懸念されるため、地熱発電所の新設や拡充に際しては温泉地域との調整が必要となる。もっとも、日本政府は地熱発電の導入推進を目指しており、自然公園法の改正を含む規制改革により、地熱発電量が増加する公算が大きい。

前節で述べたとおり、ＥＶの収益化にはブロックチェーンを活用した電力グリッドとの融合や地域デジタル通貨の創造が効果的である。暗号資産（仮想通貨）のマイニングでは、カーボンフリーな再エネを利用することが世界的な潮流となっているが、世界3位の地熱資源大国の日本は豊富な火山エネルギーを有していることをマイニング施設の誘致においてアピールすることができる。

そして、日本全国の畜産の農業産出額の約3割を占める九州は「畜産王国」であることも要注目である。なぜなら、畜産農家がブロックチェーン業界に参入し、収益を上げるケースが海外で増えてきているからだ。実は2021年に入ってから、英国ではマイニングで収益を上げる畜産農家が増えている。イングランドやウェールズの一部の農家は堆肥（牛や羊、豚の糞）から発生するメタンガスを活用して発電し、高電圧送電網を営むナショナル・グリッド社（National Grid）に売電しているが、最近では、マイニングリグ（仮想通貨のマイニングのための設備一式）を稼働させることで、1日当たり平均40ポンド（約6000円）、年間で約1万5000ポンド（約220万円）の収入を得ている。マイニングしている仮想通貨はビットコインではなくイーサリアムである。イーサリアムの最新版であるイーサリアム2・0のコンセンサス・アルゴリズム（承認システム）はビットコインとは違うPoS（Proof of Stake）というエネルギー消費が少ないシステムとなっており、再エネを活用して脱炭素化が進んだ仮想通貨として世界的に需要が高まっている。

2021年6月18日に閣議決定された日本の成長戦略実行計画では、「新たな成長の原動力となるデジタル化への集中投資・実装とその環境整備」にて、「ブロックチェーン等の新しいデジタル技術の活用」が明記された。ブロックチェーンが初めて日本の国家戦略として取り込まれたことになる。ＥＶと再エネの融合、そしてＥＶを中心とした新しい経済圏の基盤となるブロックチェーン技術を地産地消するという試みを、火山と畜産資源が豊富な熊本で行うことは、地域経済活性化のロールモデルになるだけでなく、ブロックチェーン社会の構築に向けた新たな取り組みとして日本にとって有意義なものになると考える。

CATLの車載電池工場も琵琶湖周辺に誘致

経済安全保障を確保する観点で、半導体同様に車載電池の産業育成も日本では重要課題となっている。半導体はそのサイズの小ささから台湾（ＴＳＭＣ）から空輸することができる一方、嵩が大きい車載電池においては、中国や韓国の生産能力への依存度を下げるため、半導体以上に海外メーカーを日本に誘致する必要性がある。ＥＶ化への対応が待ったなしの状況で時間的な制約がある中では、スピードと資金力で中韓勢に劣る日系の車載電池メーカーが国内生産能力を増強するのを待つよりも、技術力と実践経験が豊富な海外メーカーを日本に誘致したほうがよい。半導体産業のトップランナーであるＴＳＭＣを誘致するのであれば、車載電池産業のトップであるＣＡＴＬの工場も日本に誘致することを検討すべきである。

半導体は台湾や韓国からすぐに空輸でも代替調達が可能であるが、そうはいかない車載電池では、自然災害の発生リスクを回避する観点から、九州外に工場を新設することが望ましい。

結論としては、海外メーカーの進出先候補地として、滋賀県の湖南地区から湖東地区にかけてのエリアが望ましいと考える。滋賀は内陸県で大型河川がないため水害リスクが比較的低い上に、湖南・湖東地域には湖東流紋岩という日本有数の強固な岩盤が点在しており、地震発生による物理的被害を小さく抑えられる。九州とは５００㎞強離れているが、車載電池や部材を１日で陸上輸送できる距離である。ダイハツの滋賀工場（竜王町）に加え、ＬＥＪの本社工場が栗東市にあるため、車両と電池の供給網がすでに存在していることも利点となる。需要家となる多くの自動車メーカーの車両生産工場へのアクセス性も良い。ＣＡＴＬの工場を湖南・湖東地域に誘致することは一考に値する。

再エネやクローズドループ・リサイクルが進み、ＬＣＡ対応可能な供給網も構築できれば、既存の日本車メーカーだけでなく、カーボンニュートラルに向けた取り組みに積極的なアマゾンやテスラ、アップルも日本でのＥＶ生産を検討する可能性もあるだろうし、ソニーＥＶの実現可能性も高まろう。高品質なメイドイン・ジャパンのＥＶを生産する能力が拡大することで雇用が創出されることは、日本の国益に適っている。

水平分業型のＥＶ製造ビジネスで国益を増大する

最後に、熊本のＥＶ工場はどのようなビジネスモデルで誰が経営するか。結論としては、水平分業型のＥＶ製造ビジネスにして、海外のノウハウや人脈にアクセスできる国内外企業を含んだ官民連携組織で経営できると良い。

サプライチェーンの持続可能性を確保するためには、EVを構成する主要部品を競争力が高い複数のメーカーが生産できるようにするのが望ましい。また、EV化に出遅れた日系自動車メーカーの中には、世界中で奪い合いが続いている半導体に加え、車載電池も十分に確保できない状況に陥るメーカーも出てこよう。そのような自動車メーカーは、生産能力に余剰が生まれることになるが、その余剰能力でEVの受託生産ができるようにするため、熊本で生産するEVは水平分業型で他工場のサプライチェーンでも製造可能なデザインにするのである。

組織の目的及びミッションは、EVの生産を増やすことで日本の雇用を守り、それを増やすというかたちで国益を増大させることになる。そのためには、オールジャパンという内向きの発想を捨て、身近なアジアにいる世界トップレベルの企業とそこにいる人脈やネットワークをフル活用できるような官民連携組織を立ち上げ、「オールアジア」の発想で日本ならではのEVを創造することが望ましい。

「モビリティ・ゼロ」は日本自動車産業の原点回帰

海外のリソースを上手く活用することで様々な産業が発展した明治時代、九州に日本自動車産業の原点があった。1901年(明治34年)に創業を開始した官営八幡製鐵所はドイツ企業の設計を基に施工され、ドイツ人技術者を迎えるなど、海外のノウハウや人材を活用しながらアジアで成功した初の本格的な銑鋼一貫製鐵所となった。同製鐵所は日本の産業の近代化に貢献し、北九州の発展の礎を築いた。

その北九州で1910年に鮎川義介が創業した戸畑鋳物（後の日立金属）は、1914年に純国産乗用車の第1号となる「DAT号」を完成させた快進社をルーツとするダット自動車製造を1931年に傘下に収めた。同じく鮎川義介が社長を務める日本産業と戸畑鋳物が出資する自動車製造株式会社が1933年に誕生し、翌1934年に日産自動車に社名変更した。

まさに今、自動車産業は脱炭素という新たな価値観とルールを基にする別世界に突入している。日本にとっての「モビリティ・ゼロ」は自動車の原点回帰も意味すると言えるが、日本の自動車産業は初心に返り、海外のリソースを有効活用しながらアジアでリーダーシップをとれるEVを創造することを追求すべきである。そうすることでピンチはチャンスに変わり、この難局を乗り越えていけるのではないだろうか。

あとがき

本書冒頭のアンドリュー・カーネギーの格言。レモンは皮が厚くて外見から中身の見分けがつかないことから、欧米では不良品や粗悪品を表す言葉として使われます。そして、〝hand ~ a lemon〟と言うと、「(人に)嫌なものをつかませる」という意味になります。従ってこの格言は、良い材料や良い条件が与えられず、自分たちにとって悪い状況であっても、与えられたものを使って、工夫しながら最高のものを作り出そうとすること、そのようなチャレンジをする姿勢が大事である、という先人の教えになります。

20世紀初頭に米国の「鉄鋼王」と称され、ジョン・ロックフェラーに次ぐ大富豪として有名なカーネギーは、1835年にスコットランドで手織り職人の長男として生まれました。当時の英国の織物産業では、蒸気機関を活用した工場が増えたことで手織り職人が仕事を失ったために、カーネギー一家は移住費用を借金で賄いながら1848年に米国に移住しました。産業革命により貧しくなるという苦境を乗り越え、転職活動を繰り返す中で身につけた様々なスキルを活かしながら成功を積み重ねてきたカーネギーの格言は、脱炭素の荒波を前にした今の日本や日本自動車産業にとって意義ある言葉に感じます。

これまでもお伝えしてきましたが、脱炭素は欧州が編み出したゲームチェンジャーです。新型コロナウイルスのパンデミックによる混乱から再興するために、これまでの経済社会活動をリセットして新しい秩序をつくろうとするムーブメントであって、欧州はこれを世界潮流にしました。CO_2は肉眼では見えません。この目に見えないものを削減する努力を新しい通貨（価値）として可視化するという錬金術や、世界各国のコンセンサスとしてのカーボンニュートラルというゴール設定においては、ものさし（価値の尺度）とルールをつくる主体がこの新しいゲームで主導権を握り、勝者に近づきます。

しかし、このような世界規模のルールづくりの時代や機会において、日本はルールメーカーとしてリードした経験や成功事例はかつてありません。もっとも、海外でつくられたルールに則り、与えられたものさしを活用して、日本独自の方法で日本ならではの強みを発揮することには長けています。成功事例は、身近なところではオリンピック・パラリンピックのような国際スポーツ競技であって、世界経済においては明治維新とその後の発展だったと思います。ルールをつくれなくとも、ルールに抗うことなく、ルールを守りながら持ち味を活かすことで、世界にインパクトを与えるような勝ち方をしてきたと思います。

カーボンニュートラルに向けた主要施策としてのＥＶ化・脱エンジンは、欧州発の国際ルールになりつつあり、海外主導のこのルールづくりのスピードは加速しています。日本の自動車産業は、自国における再エネの電源構成比が低いといった海外と比べて競争条件が不利であることや、部品点数の減少に伴う雇用喪失リスクを訴えながらＥＶ化政策に躊躇や抵抗をすることなく、創意工夫しながらスピード感を持ってＥＶを中心とした新しいエコシステムの構築を急ぐべきです。その具体策の一部を最終章で示しました。

もちろん、日本政府や地方自治体はＥＶ化にチャレンジする自動車産業を後押しするよう財政面で支援して充電インフラも拡充し、脱炭素化へのインセンティブとしてのカーボンプライシングも導入しながら、発電産業などとのセットで雇用創出を促す政策を実行しなければなりません。

私が本書を執筆するに至った背景には、個人的な経験から自動車と環境問題に強い関心を持っていたことと、脱炭素の仕掛け役である欧州での実体験があります。

私は1981年に東京・目黒で生まれて、幼少期は中目黒で育ちましたが、ひどい大気汚染により喘息を患いました。自転車と公共交通機関だけでだいたいどこへでも行けるので、家族は車を所有していなかったのですが、なぜ見知らぬ他人が運転する車から出る排気ガスで苦しみ、毎日薬を飲まされないといけないのかと、当時は車の存在を憎いと思いました。小さいながらも環境問題は自分にとって大きなテーマになったことを憶えています。

大学に入学する直前の2000年の夏、ハノーファー万博に合わせて日独協会等が企画する青少年プログラムに参加して、フォルクスワーゲンのヴォルフスブルク本社で3週間、インターンシップをする機会を得ました。大学で環境政策・経済学を学ぶことが決まっていましたので、配属先は「環境戦略・ビジネスプロセス部（Umweltstrategie Geschäftsprozess）」と「環境計画・生産現場部（Umweltplanung Produktion/Standorte）」という部署にしてもらいました。部署名に表れているように、フォルクスワーゲンでは「環境」が経営における重要な戦略のひとつに位置づけられていたことが強く印象に残りました。

当時の私は高校を卒業したばかりでビジネスに関しては右も左も分からなかったのですが、フォルクスワーゲンの環境報告書（Environmental Report）を監修するホルスト・ミンテ博士（Dr. Horst Minte）に同報告書の見方や「持続可能な開発（Sustainable Development）」のエッセンス、１９９６年から記録をとっている主力車種ゴルフのＬＣＩ（Life Cycle Inventory：今で言うＬＣＡ）の概念などについて教わるという貴重な体験をしました。また、フォルクスワーゲンの巨大な本社工場内での様々な環境対応技術を現地視察し、社員でもアクセスが難しいペイントショップ（塗装工場）に入って揮発性有機化合物（ＶＯＣ）の排出を抑制する環境対策なども見せてもらいました。更には、ドイツ最大の労働組合ＩＧメタルの工場内デモ行進にも参加し、工員たちと社員食堂で毎週火曜日恒例の「カリーヴルスト（焼いたソーセージにカレー粉とケチャップをかけた北部ドイツのソウルフード）」を一緒に食べるなど、生産現場との接点もつくってもらいました。人間中心に環境をとらえて持続可能性（Sustainability）を追求することや、企業収益の足かせとなり得る環境経営を雇用維持・促進にどう結びつけるべきかという課題の重要性を体感しました。このように欧州企業のいわば文化とも言える環境経営に触れるなかで、私は自分を苦しめてきた自動車と自動車産業の将来に強い興味を抱くことになりました。

フォルクスワーゲンでインターンシップを終えた後は、まえがきでもお伝えしたように、LSEで欧州の産業政策をつくる側の価値観や環境の見方、持続可能な開発の本質、カーボンプライシングといった市場メカニズムについて学びました。LSEを卒業し日本に帰国してからは、アナリストとして様々な産業を見てきましたが、フォルクスワーゲンやLSEで学んだことを活かす場面は長らくありませんでした。

そして、ドイツでディーゼル不正問題が発覚し、2016年に現地取材もしたパリモーターショーで「CASE」という言葉が生まれて以降、欧州発の脱炭素・脱エンジンの潮流が強まる様子をみているうちに、自分の欧州・英国での経験や知見が活かせるのではないかと感じ始めました。欧米の自動車メーカーや欧州委員会も参画するMOBIの理事として、同コンソーシアムの活動を俯瞰できる立場でもあるので、脱炭素という名のルールメーキング、ゲームチェンジャーの動きが加速していることを目の当たりにしています。

自動車産業に関する私の世界観を共有したいと思い、2018年に業界の大変革の背景を描いた『モビリティ2・0』を執筆し、2020年はブロックチェーンにフォーカスした『モビリティ・エコノミクス』を出版しました。そして、前作を発売してすぐに本作の出版に向けた準備を始めました。２０２１年11月にＣＯＰ26が開催される前に、私の中で大きなテーマである環境や脱炭素をテーマにした作品を出したいと思ったことが一番の理由です。同時に、自動車業界の変革のスピードが凄まじい勢いで加速し、更にはその変革がこれまでとは違うステージに入りつつあることをＭＯＢＩの活動等でも実感しており、それを早くお伝えしたいと思ったことも、もうひとつの理由になります。

実は、海外の自動車業界の関係者やポリシーメーカーと意見交換していて気づいたのですが、日本で今も多く聞かれるＣＡＳＥやＭａａＳといった自動車とモビリティ産業で生まれた言葉は、新型コロナウイルスのパンデミックが発生した２０２０年あたりから、海外ではあまり使われなくなりました。代わりに多用されるようになったのがやはり脱炭素やカーボンニュートラルとなりますが、産業や企業が生き残るための勝負のステージ（土俵）が変わり、今までとは違った価値観で大変革を乗り越えなければならないという、まさにゲームチェンジが起きているということを象徴しています。

本書を通じて、欧州が仕掛ける脱炭素や脱エンジンというゲームチェンジや新しいルールの背景や狙いを理解することで、本書が日本と日本の自動車産業が直面している難しい状況を「レモネード」に変える一助になれば幸いに思います。

本書はＭＯＢＩメンバーを中心に数多くの方々のサポートがあったからこそ、世に出すことができました。本書執筆にあたり、以下の方々とディスカッションや情報交換をさせていただきました。お名前を挙げて御礼申し上げます。

（敬称略、アルファベット順、肩書は取材当時、＊はＭＯＢＩ会員組織）

クリス・バリンジャー（Chris Ballinger, Founder and Co-Director, Mobility Open Blockchain Initiative）＊

加藤良文（Yoshifumi Kato, Chief Technology Officer and Chief Standardization Officer, Denso Corporation）＊

クリスチャン・コーベル（Christian Köbel, Senior Project Engineer, Honda R&D Europe）＊

久保賢明（Dr. Masaaki Kubo, General Manager, Strategy and Administration Group, Powertrain and EV Advanced Technology Dept., Powertrain and EV Engineering Division, Nissan Motor Co., Ltd.）

郭貞伶（Karen Kuo, CMO, CitiX Pte Ltd.）

ヨサポン・ラオーヌン（Yossapong Laoonual, Dr, Head of Mobility & Vehicle Technology Research Centre, King Mongkut's University of Technology Thonburi）

プラミタ・ミトラ（Pramita Mitra, Ph.D., Research Supervisor, IoT&Blockchain,

Ford Motor Company）＊

村瀬博章（Hiroaki Murase, General Manager, Sustainable Energy Business Dept., ITOCHU Corporation）＊

ダーモット・オブライエン（Dermot O'Brien, Project Officer, European Commission）＊

岡部達哉（Tatsuya Okabe, Dr.-Ing., General Manager, Advanced Software Development Dept., Denso Corporation）＊

岡本克司（Katsuji Okamoto, CEO, Kaula Inc.）＊

ラジャット・ラジバンダリ（Rajat Rajbhandari, CIO, Co-Founder and Board Member, dexFreight）＊

ハッリ・サンタマラ（Harri Santamala, CEO, Sensible 4）

多田直純（Naosumi Tada, Representative Director and President, ZF Japan Co., Ltd.）

角淵弘一（Hirokazu Tsunobuchi, Co-Chair, Traceability (ommittee, SEMI)＊

尹志芳（Prof.Yin Zhifang, 博士 副研究員，中國交通运输部科学研究院城市交通研究中心）＊

トラム・ヴォー（Tram Vo, Founder and Co-Director, Mobility Open Blockchain

Initiative）＊

これまで出版した2作品に続き、本書も編集して下さった日経ＢＰの赤木裕介さんには、執筆にあたり的確な指摘や助言をいただきました。また、30代で３冊のビジネス書を世に出すことができたのは貴重な経験となりました。特に前作２冊の出版は数多くの方々との新たな出会いにつながりました。本を書くことの素晴らしさを教えていただいたことにも、深く感謝いたします。

伊藤忠総研の諸先輩や同僚にも感謝いたします。特に、秋山勇・代表取締役社長と脇田英太・オペレーティングオフィサーには、私のＭＯＢＩの活動や本書執筆を応援してくださり、また、色々と社内調整でお力添えいただきました。お陰様で、自由に調査・執筆活動ができました。ありがとうございます。

マセソン商会（Matheson & Co., Ltd.）のジェレミー・ブラウン元取締役（Jeremy John Galbraith Brown）は、ＬＳＥでの膨大な勉強量で心身ともに疲弊していた私を鼓舞するために、ロンドンのご自宅があるナイツブリッジ周辺のレストランで美味しいディナーにしょっちゅう誘ってくださり、また、ジャーディン・マセソンの日本やアジアでの歴史や50年以上の商社マンとしてのキャリアで培った経験と世界観をご教授くださいました。語学力と国際感覚の研鑽をサポートしていただいただけでなく、明治維新で日本にも影響を与えた祖国スコットランドの文化や経営思想も教えてくださった、私の人生の師です。11月にグラスゴーでCOP26が開催される際には、本書を持ってスコットランド・ダンフリース（Dumfries）のお屋敷に伺いディスカッションしたいと思っていましたが、今のパンデミックの状況では渡英するのは難しそうです。暖かくなってアザミが咲き始める頃には再訪できればと思います。

最後に、英国留学に挑戦することを許してくれた両親に感謝します。ＬＳＥで学んだことだけでなく、父が44年前に学んだスイス・ローザンヌのビジネススクールＩＭＤとの縁もあり、ルールメーキングの本場であるスイスや欧州との接点が今の仕事に活きるようになりました。

私の執筆活動は、先の読めない不安な日々を過ごす妻・綾子に多大な負担をかけました。にもかかわらず、前作同様に献身的にサポートしてくれました。妻の理解なくして、本書は完成しませんでした。ありがとう。６歳になったばかりの息子・英一郎は最近自転車に乗り始め、モビリティの世界に一歩足を踏み入れました。彼が大きくなる頃には街じゅうで多くのＥＶが走っていると思いますが、脱炭素が当たり前のことになっているだろう彼が本書を批評してくれる日を楽しみにしています。

２０２１年８月15日　４回目の緊急事態宣言が発令中の東京・渋谷の自宅にて

参考文献

Bridge, James (2013) *Millionaires and Grub Street: Comrades and Contacts in the Last Half Century*, New York: Books for Libraries Press

Coase, Ronald (1937) "The Nature of the Firm," *Economica*, New Series, Vol.4, No.16, pp.386-405

Doyle, Jack (2000) *Taken for a Ride: Detroit's Big Three and the Politics of Pollution*, New York: Four Walls Eight Windows

European Commission (2020) *Determining the environmental impacts of conventional and alternatively fuelled vehicles through LCA*, Ref: ED11344 Issue Number 3, Brussel

Gelernter, David (1991) Mirror Worlds, New York: Oxford University Press, Inc.

Kaya, Y. (1990) *Impact of carbon dioxide emission control on GNP growth: Interpretation of proposed scenarios*, Paper presented to the IPCC Energy and Industry Subgroup, Response Strategies Working Group, Paris

OECD (2018) *Effective Carbon Rates 2018: Pricing Carbon Emissions Through Taxes and Emissions Trading*, OECD Publishing, Paris

Tapscott, Don and Tapscott, Alex (2016) *Blockchain Revolution: How the technology behind bitcoin and other cryptocurrencies is changing the world*, New York: Portfolio/ Penguin.

Turner, Kerry, Pearce, David and Bateman, Ian (1993) *Environmental Economics: An Elementary Introduction*, Baltimore, MD: The Johns Hopkins University Press

World Bank (2020) *State and Trends of Carbon Pricing 2020*, Washington, DC: World Bank

岩坂英美（2021）"排出権取引制度の現状とビジネスの展望,"『伊藤忠総研エコノミックモニター』, No.2021-014

宇沢弘文『自動車の社会的費用』岩波書店、1974年

大鹿隆（2014）"続・中国自動車産業の実力,"『東京大学ものづくり経営研究センター・ディスカッション・ペーパー』, No.460

深尾三四郎、クリス・バリンジャー『モビリティ・エコノミクス～ブロックチェーンが拓く新たな経済圏』日本経済新聞出版, 2020年

深尾重喜『マーケティングの最新活用法』朝陽会, 2010年

本田宗一郎『俺の考え』新潮文庫, 1996年

和田日出吉『日産コンツェルン讀本』春秋社, 1937年

その他小売店舗数（2021年7月）：日本全国スーパーマーケット情報，https://ajsm.jp/Original.html
都市銀行・農林中金（2020年3月）：全国銀行協会，https://www.zenginkyo.or.jp/stats/
地方銀行（2020年3月）：全国地方銀行協会，https://www.chiginkyo.or.jp/app/contents.php?category_id=3
第二地銀（2020年3月）：第二地方銀行協会，https://www.dainichiginkyo.or.jp/membership/settlement.html
信用金庫（2021年5月）：全国信用金庫協会，https://www.shinkin.org/shinkin/toukei/
信用組合（2020年3月）：全国信用組合中央協会，https://www.shinyokumiai.or.jp/credit_cooperative/outline.html

11. TSMCホームページ，https://investor.tsmc.com/japanese/quarterly-results/2021/q2
12. 張建中，"台積電美國廠不排除二期擴建 評估在日本設晶圓製造，" 中央社，15 July, 2021, https://www.cna.com.tw/news/firstnews/202107150327.aspx（2021年8月12日アクセス）

4 March, 2021, https://www.nikkei.com/article/DGXZQODZ15A210V10C21A2000000/ (2021年8月12日アクセス)

■ 第5章

1. OICAホームページ, https://www.oica.net/category/production-statistics/2020-statistics/ (2021年8月12日アクセス)
2. 中小企業庁ホームページ, https://www.chusho.meti.go.jp/pamflet/hakusyo/h23/h23/html/k212300.html (2021年8月12日アクセス)
3. IRENAホームページ, https://www.irena.org/Statistics (2021年8月12日アクセス)
4. 資源エネルギー庁, "2050年カーボンニュートラルの実現に向けた検討," 13 May, 2021, https://www.enecho.meti.go.jp/committee/council/basic_policy_subcommittee/2021/043/043_004.pdf
5. Tina Bellon, "Rivian considers $5 billion EV plant in Texas, document shows," *Reuters*, 12 August, 2021, https://www.reuters.com/technology/rivian-considers-5-billion-ev-plant-texas-document-shows-2021-08-11/ (2021年8月31日アクセス)
6. Hardy Graupner, "Bosch is the new star in Silicon Saxony microchip cluster," *Deutsche Welle*, 6 April, 2021, https://www.dw.com/en/bosch-is-the-new-star-in-silicon-saxony-microchip-cluster/a-57767731 (2021年8月31日アクセス)
7. Douglas Busvine, "Infineon CEO warms to idea of TSMC plant in Germany," *Reuters*, 3 August, 2021, https://www.reuters.com/technology/infineon-ceo-warms-idea-tsmc-plant-germany-2021-08-03/ (2021年8月31日アクセス)
8. 新沼大, "「これからは田舎の時代」スズキ鈴木修氏の言葉から," 「日本経済新聞」, 28 June, 2021, https://www.nikkei.com/article/DGXZQOCC21BH60R20C21A6000000/ (2021年8月12日アクセス)
9. 日本自動車工業会ホームページ, https://www.jama.or.jp/lib/invest_analysis/s_car.html
10. 以下のホームページより統計値を引用。
給油所数 (2019年度末) : 資源エネルギー庁, https://www.enecho.meti.go.jp/category/resources_and_fuel/distribution/
急速充電器設置数 (2020年5月末) : CHAdeMO協議会, https://www.chademo.com/ja/
郵便局 (2021年6月末) : 日本郵便, https://www.post.japanpost.jp/newsrelease/storeinformation/index02.html
コンビニエンスストア (2021年3月) : 日本フランチャイズチェーン協会, https://www.jfa-fc.or.jp/particle/320.html
鉄道駅 (2020年3月) : Navit, https://www.navit-j.com/blog/?p=46978
道の家 (2021年6月) : 国土交通省, https://www.mlit.go.jp/road/Michi-no-Eki/list.html
新車ディーラー (2020年12月) : 日本自動車販売協会連合会, http://www.jada.or.jp/about/kibo/

importance remains unquestionable. After a series of webinars on the Model 3 Energy Management Strategy, our "Road to Model Y" continues.," *A2Mac1 Automotive Benchmarking*, 19 August, 2020, https://portal.a2mac1.com/tesla-model-y/ (2021年8月12日アクセス)

25. US Energy Information Administration ホームページ, https://www.eia.gov/energyexplained/use-of-energy/homes.php (2021年8月12日アクセス)
26. "Daikin develops more efficient refrigerant for electric vehicles," *Cooling Post*, 16 June, 2021, https://www.coolingpost.com/world-news/daikin-develops-more-efficient-refrigerant-for-electric-vehicles/ (2021年8月12日アクセス)
27. Kevin Shalvey, "These six patents may shed light on the possible key features of Apple's car — from concealed touch controls to holographic images," *Business Insider*, 24 February, 2021, https://www.businessinsider.com/six-apple-patents-may-shed-light-on-vehicle-key-features-2021-1 (2021年8月12日アクセス)
28. Stephen Nellis, Norihiko Shirouzu and Paul Lienert, "Exclusive: Apple targets car production by 2024 and eyes 'next level' battery technology - sources," *Reuters*, 22 December, 2020, https://www.reuters.com/article/us-apple-autos-exclusive-idUSKBN28V2PY (2021年8月12日アクセス)
29. Philip Elmer-DeWitt, "Apple 2021 shareholder's meeting: Transcript of Tim Cook's Q&A," *Philip Elmer-DeWitt's Apple 3.0*, 23 February, 2021, https://www.ped30.com/2021/02/23/apple-shareholders-qa-transcript/ (2021年8月12日アクセス)
30. Apple (2021) *Environmental Progress Report 2021*, https://www.apple.com/environment/pdf/Apple_Environmental_Progress_Report_2021.pdf
31. Apple (2019) *Environmental Progress Report 2019*, https://www.apple.com/environment/pdf/Apple_Environmental_Responsibility_Report_2019.pdf
32. Alcoreの2021年3月23日付プレスリリース https://news.alcoa.com/press-releases/press-release-details/2021/Alcoa-to-Supply-Sustainable-Low-Carbon-Aluminum-for-Wheels-on-the-e-tron-GT-Audis-First-Electric-Sports-Car/default.aspx (2021年8月12日アクセス)
33. Apple Inc., Form SD Specialized Disclosure Report, 10 February, 2021, https://www.apple.com/supplier-responsibility/pdf/Apple-Conflict-Minerals-Report.pdf
34. "Austrian World Summit 2021 - Arnold Schwarzenegger conversation with Apple's Lisa Jackson," Youtube, "Tesla Battery Day," Youtube, https://www.youtube.com/watch?v=l6T9xIeZTds (2021年8月12日アクセス)
35. "Austrians criticize Schwarzenegger," *Deseret News*, 19 December, 2005, https://www.deseret.com/2005/12/19/19928208/austrians-criticize-schwarzenegger (2021年8月12日アクセス)
36. 渡辺直樹 深尾幸生, "ソニーも頼る車体生産のマグナ、EV分業のモデルに," 「日本経済新聞」,

development/press/un-regulations-cybersecurity-and-software-updates-pave-way-mass-roll（2021年8月12日アクセス）
10. 国土交通省の2020年12月25日付プレスリリース https://www.mlit.go.jp/report/press/jidosha10_hh_000242.html（2021年8月12日アクセス）
11. Foxconnの2020年10月16日付プレスリリース https://www.foxconn.com/en-us/press-center/press-releases/latest-news/456（2021年8月12日アクセス）
12. “Apple assembler Foxconn aims to supply to about 3 million EVs by 2027,” Reuters, 16 October, 2020, https://www.reuters.com/article/us-foxconn-technology-idUSKBN2710GW（2021年8月12日アクセス）
13. Foxconnの2021年1月18日付プレスリリース https://www.honhai.com/en-us/press-center/events/ev-events/528（2021年8月12日アクセス）
14. MIHホームページ, https://www.mih-ev.org/en/index/（2021年7月14日アクセス）
15. Foxconnの2021年1月13日付プレスリリース https://www.foxconn.com/en-us/press-center/events/ev-events/524（2021年8月12日アクセス）
16. Fiskerの2021年5月13日付プレスリリース https://investors.fiskerinc.com/news/news-details/2021/Fisker-and-Foxconn-Sign-Framework-Agreements-for-Project-PEAR-Confirming-Manufacturing-to-Start-in-U.S.-From-Q4-2023/default.aspx（2021年8月12日アクセス）
17. 川上尚志, “中国新興EVのバイトン、債権者が倒産申し立て,”「日本経済新聞」, 13 July, 2021, https://www.nikkei.com/article/DGXZQOGM139TF0T10C21A7000000/（2021年8月12日アクセス）
18. MIHホームページ, https://www.mih-ev.org/en/news-info/?id=519（2021年8月12日アクセス）
19. Foxtronホームページ, https://www.foxtronev.com/en/news/detail?id=46（2021年8月12日アクセス）
20. Magna Internationalの2021年1月4日付プレスリリース https://www.magna.com/company/newsroom/releases/release/2021/01/04/news-release---magna-expands-with-fisker-secures-full-adas-system-business（2021年8月12日アクセス）
21. Foxconnの2021年5月18日付プレスリリース https://www.foxconn.com/en-us/press-center/events/ev-events/604（2021年8月12日アクセス）
22. 以下より引用。Fiskerの2021年5月13日付プレスリリース https://investors.fiskerinc.com/news/news-details/2021/Fisker-and-Foxconn-Sign-Framework-Agreements-for-Project-PEAR-Confirming-Manufacturing-to-Start-in-U.S.-From-Q4-2023/default.aspx（2021年8月12日アクセス）
23. 以下から引用。”Tesla Battery Day,” Youtube, https://www.youtube.com/watch?v=l6T9xIeZTds（2021年8月12日アクセス）
24. “The Tesla Cybertruck might have caught the media attention, but the Model Y

17. Business Alliance to Scale Climate Solutionsの2021年6月3日付プレスリリース https://scalingclimatesolutions.org/wp-content/uploads/2021/06/BASCS_Press_Release_Final-1.pdf（2021年8月11日アクセス）
18. デンソーの2021年4月7日付プレスリリース https://www.denso.com/jp/ja/news/newsroom/2021/20210407-01/（2021年8月11日アクセス）
19. XPRIZEの2021年2月8日付プレスリリース https://www.xprize.org/prizes/elonmusk/articles/100m-xprize-for-carbon-removal-funded-by-elon-musk-to-fight-climate-change（2021年8月11日アクセス）
20. Stellantisホームページ, https://channel.royalcast.com/stellantis-en/#!/stellantis-en/20210505_2（2021年8月11日アクセス）

■ 第4章

1. TrendForceの2021年2月24日付プレスリリース https://www.trendforce.com/presscenter/news/20210224-10675.html（2021年8月11日アクセス）
2. Jose Pontes, “12% Plugin Vehicle Share in China,” *CleanTechnica*, 22 June, 2021, https://cleantechnica.com/2021/06/22/12-plugin-vehicle-share-in-china/（2021年8月11日アクセス）
3. ACEA(2020) *Making the Transition to Zero-Emission Mobility: 2020 Progress Report*, https://www.acea.auto/files/ACEA_progress_report_2020.pdf（2021年8月12日アクセス）
4. Neil Winton, “High Price, Limited Performance Of European Electric Cars Might Boost China Minis,” *Forbes*, 6 December, 2020, https://www.forbes.com/sites/neilwinton/2020/12/06/high-price-limited-performance-of-european-electric-cars-might-boost-china-minis/?sh=4d152a735fb8（2021年8月12日アクセス）
5. 多部田俊輔, “中国EV、販売「テスラ超え」格安で狙う世界市場席巻,” 日本経済新聞, 25 April, 2021, https://www.nikkei.com/article/DGXZQOGM214BO0R20C21A4000000/（2021年8月12日アクセス）
6. Jane Zhang and Masha Borak, “China’s EV war: Xiaomi enters the fray with multibillion-dollar investment in world’s largest electric vehicle market,” *South China Morning Post*, 30 March, 2021, https://www.scmp.com/tech/big-tech/article/3127633/chinas-ev-war-xiaomi-enters-fray-multibillion-dollar-investment（2021年8月12日アクセス）
7. Xiaomiの2021年3月30日付プレスリリース https://www1.hkexnews.hk/listedco/listconews/sehk/2021/0330/2021033000824.pdf（2021年8月12日アクセス）
8. 上汽通用五菱ホームページ, https://www.sgmw.com.cn/sgmw_intro.html（2021年8月12日アクセス）
9. UNECEの2020年6月24日付プレスリリース https://unece.org/sustainable-

4. Volkswagen AGの2021年4月29日付プレスリリース https://www.volkswagenag.com/en/news/2021/04/way-to-zero--volkswagen-presents-roadmap-for-climate-neutral-mob.html# (2021年8月11日アクセス)
5. Amazonの2021年6月23日付プレスリリース https://press.aboutamazon.com/news-releases/news-release-details/amazon-becomes-largest-corporate-buyer-renewable-energy-us (2021年8月11日アクセス)
6. “Amazon、再生エネ調達へ日本に発電所,”「日本経済新聞」, 13 May, 2021, https://www.nikkei.com/article/DGXZQOUC060T20W1A500C2000000/ (2021年8月11日アクセス)
7. European Commission (2020) *Determining the environmental impacts of conventional and alternatively fuelled vehicles through LCA*, Ref: ED11344 Issue Number 3, Brussel
8. 日産自動車の2021年1月22日付プレスリリース https://global.nissannews.com/ja-JP/releases/release-47bd1d4c8b3256fcee533e433e0ad50a-210122-01-j (2021年8月11日アクセス)
9. Robert Bosch GmbHの2021年1月11日付プレスリリース https://www.bosch-presse.de/pressportal/de/en/sustainable-like-a-bosch-smart-climate-friendly-solutions-for-health-home-industry-and-mobility-223381.html (2021年8月11日アクセス)
10. Robert Bosch GmbH (2021) *Sustainability Report 2020 Factbook*, https://assets.bosch.com/media/global/sustainability/reporting_and_data/2020/bosch-sustainability-report-2020-factbook.pdf
11. Volkswagen AGホームページ, https://www.volkswagenag.com/en/news/stories/2019/12/what-volkswagen-is-doing-for-the-environment.html (2021年8月11日アクセス)
12. Volkswagen Groupの2020年6月4日付プレスリリース https://www.volkswagen-newsroom.com/en/press-releases/volkswagen-starts-development-of-climate-projects-for-co2-compensation-6080 (2021年8月11日アクセス)
13. Appleの2021年4月15日付プレスリリース https://www.apple.com/uk/newsroom/2021/04/apple-and-partners-launch-first-ever-200-million-restore-fund/ (2021年8月11日アクセス)
14. Conservation Internationalの2021年5月6日付プレスリリース https://www.conservation.org/press-releases/2021/05/06/a-new-lifeline-for-the-world%E2%80%99s-mangrove-forests (2021年8月11日アクセス)
15. Statistics Bureau, Ministry of Internal Affairs and Communication Japan (2020) *Statistical Handbook of Japan 2020*, https://www.stat.go.jp/english/data/handbook/pdf/2020all.pdf (2021年8月11日アクセス)
16. 神奈川県ホームページ, https://www.pref.kanagawa.jp/docs/pb5/partner.html (2021年8月11日アクセス)

usa-biden-infrastructure-idUSKBN2BN13C（2021年8月11日アクセス）

10. "State of the Union Address by President von der Leyen at the European Parliament Plenary", *European Commission Press Room*, 16 September, 2020, https://ec.europa.eu/commission/presscorner/detail/ov/SPEECH_20_1655（2021年8月11日アクセス）
11. 2021年7月14日、欧州委員会のダーモット・オブライエン氏（Dermot O'Brien）へのウェブインタビュー

■ 第2章

1. Carattini, S., Carvalho, M. and Frankhauser, S. (2017) "How to make carbon taxes more acceptable," *LSE Grantham Research Institute on Climate Change and the Environment Policy Report*, December, 2017, https://www.lse.ac.uk/GranthamInstitute/wp-content/uploads/2017/12/How-to-make-carbon-taxes-more-acceptable.pdf（2021年8月11日アクセス）
2. World Bank (2020) *State and Trends of Carbon Pricing 2020*, Washington, DC: World Bank
3. 刘阳, "习近平同法国德国领导人举行视频峰会,"「新华网(Xinhuanet.com)」, 16 April, 2021, http://www.xinhuanet.com/politics/leaders/2021-04/16/c_1127339605.htm（2021年8月11日アクセス）
4. OECD (2018) *Effective Carbon Rates 2018: Pricing Carbon Emissions Through Taxes and Emissions Trading*, OECD Publishing, Paris
5. Bousso, R., Meijer, B. and Nasralla S., "Shell ordered to deepen carbon cuts in landmark Dutch climate case," *Reuters*, 27 May, 2021, https://www.reuters.com/business/sustainable-business/dutch-court-orders-shell-set-tougher-climate-targets-2021-05-26/（2021年8月10日アクセス）
6. Shellの2021年7月20日付プレスリリース https://www.shell.com/media/news-and-media-releases/2021/shell-confirms-decision-to-appeal-court-ruling-in-netherlands-climate-case.html（2021年8月10日アクセス）

■ 第3章

1. "私の履歴書 茅陽一（21）茅恒等式 CO2排出 式を単純化 3要素に分解、分析の基本に,"「日本経済新聞」, 22 December, 2018, https://www.nikkei.com/article/DGXKZO39248640R21C18A2BC8000/（2021年8月11日アクセス）
2. 資源エネルギー庁ホームページ, https://www.enecho.meti.go.jp/about/special/johoteikyo/lifecycle_co2.html（2021年8月11日アクセス）
3. Volkswagen Groupの2021年3月29日付プレスリリース https://www.volkswagen-newsroom.com/en/press-releases/share-of-renewable-energies-in-power-supply-to-plants-increases-significantly-6918（2021年8月11日アクセス）

注 釈

■ プロローグ

1. The White House, “Remarks as Prepared for Delivery by President Biden - Address to a Joint Session of Congress,” The White House Briefing Room, 28 April, 2021, https://www.whitehouse.gov/briefing-room/speeches-remarks/2021/04/28/remarks-as-prepared-for-delivery-by-president-biden-address-to-a-joint-session-of-congress/ (2021年8月10日アクセス)
2. Xing Bo, “China Focus: China's national legislature opens annual session,” Xinhua, 5 March, 2021, http://www.xinhuanet.com/english/2021-03/05/c_139787842.htm (2021年8月10日アクセス)

■ 第1章

1. 以下より引用。“CVCCエンジン発表/1972 AP研の発足,” ホンダホームページ, https://www.honda.co.jp/50years-history/challenge/1972introducingthecvcc/page02.html (2021年8月10日アクセス)
2. 以下より引用。“Superior value from EVs, commercial business, connected services is strategic focus of today's ‘Delivering Ford+’ Capital Markets Day” Fordホームページ, https://media.ford.com/content/fordmedia/fna/us/en/news/2021/05/26/capital-markets-day.html (2021年8月10日アクセス)
3. 以下より引用。“Honda社長就任会見,” Youtube, https://www.youtube.com/watch?v=_wpFI46MKbM (2021年8月10日アクセス)
4. 深尾幸生, “北欧電池ノースボルト、3000億円調達　生産能力1.5倍に,” 日本経済新聞, 9 June, 2021, https://www.nikkei.com/article/DGXZQOGR098JF0Z00C21A6000000/ (2021年8月10日アクセス)
5. Northvoltの2021年6月9日付プレスリリース https://northvolt.com/articles/northvolt-equity-june2021/ (2020年8月10日アクセス)
6. 以下より引用。Northvoltホームページ, https://northvolt.com/about (2021年8月10日アクセス)
7. 国際エネルギー機関 (IEA) ホームページ, https://www.iea.org/data-and-statistics/data-product/monthly-electricity-statistics (2021年8月10日アクセス)
8. “Remarks as Prepared for Delivery by President Biden - Address to a Joint Session of Congress,” *The White House Briefing Room*, 28 April, 2021, https://www.whitehouse.gov/briefing-room/speeches-remarks/2021/04/28/remarks-as-prepared-for-delivery-by-president-biden-address-to-a-joint-session-of-congress/ (2021年8月10日アクセス)
9. Steve Holland and Jarrett Renshaw, “Biden says $2 trillion jobs plan rivals the space race in its ambition,” *Reuters*, 31 March, 2021, https://www.reuters.com/article/us-

モビリティ・オープン・ブロックチェーン・イニシアティブ
Mobility Open Blockchain Initiative (MOBI)

2018年5月2日に設立された、モビリティにおけるブロックチェーン、分散台帳技術及び関連技術の標準化と普及を推進する世界最大の国際コンソーシアム・非営利組織（NPO）。全世界に100以上の会員企業・組織を抱え、メンバー企業が中心となった分科会（Working Group）の運営、全世界での国際会議（Colloquium）の開催、SNSを活用した教育・啓蒙活動を行っている。「輸送をより環境に優しく、より効率的で、そして、誰にとってもより身近なものにする（Make transportation greener, more efficient and more affordable）」をモットーにする。

＜主要メンバー企業・組織＞

自動車業界：米ゼネラルモーターズ（GM）、フォード、独BMW、ホンダ、独ロバート・ボッシュ、デンソー、マレリ、瑞DANA、CEVT（吉利汽車欧州研究開発センター）、米KARオークションサービス等。

金融・保険業界：USAA（米軍自動車保険協会）、AAIS（全米保険サービス協会）、RouteOne、あいおいニッセイ同和損害保険等。

IT・インフラ・コンサルティング業界：アマゾンウェブサービス（AWS）、PG&E、アクセンチュア、日立製作所等。

商社・物流：伊藤忠商事、豊田自動織機。

政府系・国際組織：欧州委員会、米Noblis、中国交通運輸部科学研究院、シンガポールTribe Accelerator、スイスCrypto Valley Association、世界経済フォーラム（World Economic Forum）等。

学術・技術標準化機関：IEEE（米国電気電子学会）、SAE International（米国自動車技術者協会）、米MEF（Metro Ethernet Forum）、SEMI（国際半導体製造装置材料協会）、Enterprise Ethereum Alliance（イーサリアム企業連合）、Blockchain at Berkeley（カリフォルニア大学バークレー校ブロックチェーン学生団体）、Stanford Slac（米National Accelerator Laboratory）、伊トリノ工科大学等。

ブロックチェーン業界：Hyperledger、ConsenSys、Trusted IoT Alliance、IOTA財団、Tezos財団、DAV財団、Ocean Protocol、米R3、Ripple、Reply、Quantstamp、NuCypher、SyncFab、英Fetch.AI、独Car eWallet、スイスLuxoft、オーストリアRiddle&Code、スウェーデンブロックチェーン協会、シンガポールkoinearth、豪ShareRing、中国CPChain、台湾BiiLabs、カウラ等。

＜分科会＞

1. 車両ID (Vehicle Identity: VID)
   第Ⅰ期　座長（Chair）：ルノー　副座長（Vice Chair）：フォード
   第Ⅱ期　座長：BMW、フォード
2. 利用ベース自動車保険（Usage-Based Insurance: UBI）
   座長：あいおいニッセイ同和損害保険
3. EVと電力グリッドの融合（Electric Vehicle to Grid Integration: EVGI）
   座長：ホンダ、GM
4. コネクテッドモビリティ・データマーケットプレイス（Connected Mobility and Data Marketplace: CMDM）
   座長：GM、デンソー
5. サプライチェーン（Supply Chain: SC）
   座長：BMW、フォード
6. 金融・証券化・スマートコントラクト（Finance, Securitization and Smart Contracts: FSSC）
   座長：RouteOne、Orrick, Herrington & Sutcliffe LLP

深尾三四郎

（ふかお・さんしろう）

伊藤忠総研産業調査センター 上席主任研究員 兼
モビリティ・オープン・ブロックチェーン・
イニシアティブ（MOBI）理事

1981年東京・目黒生まれ。98年に経団連奨学生として麻布高校から英ユナイテッド・ワールド・カレッジ（UWC）のアトランティック校（Atlantic College）へ留学。00年に同校卒業後、独フォルクスワーゲンのヴォルフスブルグ本社でインターンシップを行い、自動車産業に関心を持つ。03年英ロンドン・スクール・オブ・エコノミクス（LSE）を卒業、二酸化炭素排出権取引と持続可能な開発（Sustainable Development）を学び、地理・環境学部で環境政策・経済学士号を取得。同年野村證券入社、金融研究所に配属。05年から英HSBC（香港上海銀行）での自動車部品セクターの証券アナリストに従事し、08年米StarMine（Thomson Reuters）Analyst Awards日本自動車部門2位受賞（銘柄選別）。09年から米国及び香港のヘッジファンドで日本・韓国・台湾株のシニアアナリスト。機関投資家としてスマートフォンの黎明期と液晶モニター、太陽電池の進化を目の当たりにした。浜銀総合研究所を経て、19年8月より現職。MOBIでは19年8月に顧問（Advisor）、20年1月に理事（Board Member）に就任。日本コミュニティの活動を統括し、アジア全域の会員拡大にも貢献。国内外で自動車産業とイノベーションに関する講演、企業マネジメント向けセミナーを多数実施。
著書にクリス・バリンジャー氏との共著『モビリティ・エコノミクス～ブロックチェーンが拓く新たな経済圏』（2020年）、単著『モビリティ2.0～「スマホ化する自動車」の未来を読み解く』（2018年、共に日本経済新聞出版）。

モビリティ・ゼロ
脱炭素時代の自動車ビジネス

2021年10月18日　第1版第1刷発行

著者 —— 深尾三四郎

発行者 —— 村上広樹
発行 —— 日経BP
発売 —— 日経BPマーケティング
〒105-8308 東京都港区虎ノ門4-3-12
https://www.nikkeibp.co.jp/books/

編集 —— 赤木裕介
装幀 —— 大谷剛史（tany design）
本文DTP —— 朝日メディアインターナショナル
印刷・製本 —— 図書印刷株式会社

ISBN978-4-296-00044-9
Printed in Japan

本書籍に関するお問い合わせ、ご連絡は下記にて承ります。
https://nkbp.jp/booksQA